图1　土蜂

图2　割取封盖土蜂蜜

图3　仿土坯养殖土蜂

图4　意大利蜜蜂

图5　收捕土蜂

图6　野外屋檐下土蜂

图7　木桶养殖土蜂

图8　绑蜂脾

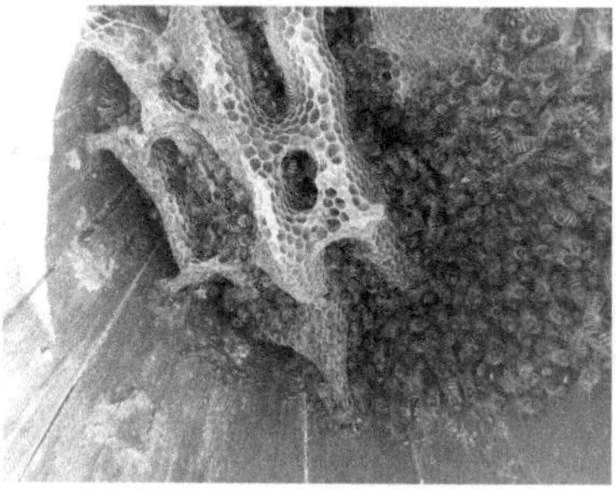

图9　木桶内部蜂巢结构

图10　拆木桶过活框箱

图11　木桶底部结团的蜂巢

图12　蜂场一景

图13　作者彭航在检查土蜂蜂群

图14　土蜂蜂蜜产品

图15　土蜂整张子脾

图16　民国时期蜂蜜店铺

新版

乡村振兴战略之乡村人才技能提升
农民教育培训精品教材

土蜂养殖实用技术

◎彭航 刘云 王锐 主编

中国农业科学技术出版社

图书在版编目（CIP）数据

土蜂养殖实用技术 / 彭航，刘云，王锐主编 . —北京：中国农业科学技术出版社，2019. 6（2024. 11 重印）

ISBN 978-7-5116-4273-8

Ⅰ. ①土…　Ⅱ. ①彭…②刘…③王…　Ⅲ. ①养蜂　Ⅳ. ①S89

中国版本图书馆 CIP 数据核字（2019）第 125705 号

责任编辑　白姗姗
责任校对　贾海霞

出 版 者　中国农业科学技术出版社
　　　　　　北京市中关村南大街 12 号　邮编：100081
电　　话　(010)82106638(编辑室)　(010)82109702(发行部)
　　　　　　(010)82109709(读者服务部)
传　　真　(010)82106650
网　　址　http://www. castp. cn
经 销 者　各地新华书店
印 刷 者　北京捷迅佳彩印刷有限公司
开　　本　850 mm×1 168 mm　1/32
印　　张　3　彩插　4 面
字　　数　80 千字
版　　次　2019 年 6 月第 1 版　2024 年 11 月第 7 次印刷
定　　价　24. 00 元

《土蜂养殖实用技术》编委会

主　编：彭　航　刘　云　王　锐

副主编：束华琴　邹红强　杨　杨
　　　　鲁　荣　毕道杰　王晓锋
　　　　高海波　刘　娟

编　委：解科成　邹元香　刘书仁
　　　　葛　建　文雁友　赵凤丽
　　　　黄海溶　李家云　卞蓉蓉
　　　　巫茂珍　卢小燕　骆守训
　　　　洪　柳　杨　豪　刘德坤

审　稿：褚小明　李　祥

序　言

我国的农民有很多养殖创业项目，养蜂远比养殖家畜、家禽等复杂。如能摸透蜜蜂习性，掌握养蜂基础知识和实用技术，既能修身养性，又能带来富裕的生活，养蜂着实乐趣无穷。

土蜂在我国分布较广，属于东方蜜蜂的一个亚种，可以在野外收捕来养殖，属于创业成本低、效益回报快的好资源。此书将介绍长三角江苏句容地区野生土蜂的繁殖利用。

蜜为百花精华，香甜可口滋补身体，南北朝时期句容茅山"山中宰相"陶弘景著有《本草经集注》，书中将蜂蜜分为以下几种：采自大山岩石间的蜂蜜称为石（岩）蜜；在树洞蜂巢中获取的蜂蜜叫木蜜；在土洞蜂巢中获取的蜂蜜称为土蜜；家养蜜蜂收获的蜂蜜叫白蜜。这些蜂蜜叫法虽不相同，但其营养成分、品质大致相同，只是收取的方法不一样。

意大利蜜蜂的养殖方法给很多新从业者设定了较高门槛，存在很多问题，包括：意蜂凶暴易蜇刺人、对气候和自然环境要求较高、用药的残留问题、蜜粉源植物种植面积减少带来的饲喂成本增加、市场各种品牌冲击等，这些问题给养蜂业带来巨大的阻碍。加之养殖意大利蜜蜂需要转地饲养，机械自动化程度低，基本靠人工养殖操作，效益不高。青年人不愿干，年迈者精力又不足，养蜂生产后继乏人，导致饲养量减少，效益下滑，严重威胁着我国养蜂业的发展。

古人常说："穷养牛马，富养蜜蜂"。并不是说养牛马穷，养蜂就富，而是说养蜂是富有知识层面的，让人受益匪浅。民国时期因战乱，农村自给自足的普通家庭基本瓦解，农民被多如牛毛的赋税和剥削压得喘不过气，而养殖蜜蜂当时被定义为

“养蜂人士”，并不是时下所称谓的“蜂农”。

笔者曾祖父民国初期在城中从商开设杂货店，结识了苏州西山园艺养蜂场、无锡“中国意蜂养蜂大王”华绎之等，家族有着百年的养蜂经验。

笔者对土蜂的接触最早是在17岁时广西壮族自治区十万大山那马地区（中越边境），从对土蜂一窍不通到现在的能精准掌握土蜂生活习性和生产技术。笔者已经深深爱上了土蜂，于是决定结合句容本地区蜜源植物和气候特征，做一个相对完整的养殖方法总结。

句容市的后白镇，作为江南小镇，不同于苏锡常城镇的久负盛名，也没有河川大江的旖旎盛景，留给养蜂界的只有一方蜂种和那如今村村可见生态农业的事实，衬托出了苏南大地的雄伟胸襟。笔者愿意把家族的养蜂经验和自身所学知识无私的像蜜蜂一样奉献出来，愿家乡的中华蜜蜂本地土蜂种系能够在中国现代蜂业中继续铸梦翱翔！

彭　航

2019年5月

目　　录

第一章　蜂场建设

第一节　土蜂简介

一、认知土蜂

世界上土蜂资源众多，我国的土蜂又称中华蜜蜂、国蜂、土蜂，*Apis cerana*，蜜蜂科，蜜蜂属，东方蜜蜂的一个亚种。日本原有的蜂种也属于东方蜜蜂，他们称为日本蜂，与我国的中华蜜蜂在体形、生活习性和生产性能上很相似。中华蜜蜂在东南沿海到青藏高原的30个省、自治区、直辖市均有分布。

中华蜜蜂体躯较小，头、胸部黑色，腹部黄黑色，全身披黄褐色绒毛。2006年，中华蜜蜂被列入农业部国家级畜禽遗传资源保护品种。这“土蜂”一般是养蜂人对它的土称谓，本地野生土蜂是当地养殖最适合品种，蜜蜂群小巧繁殖能力强。采集能力强，节省饲料，抗病。温驯容易打理，是军转地、农村副业经营的好品种。

笔者生活的长三角道家圣地茅山脚下江苏省句容市后白镇，属典型的低山丘陵地区。交通阡陌，行走便利，西距南京禄口国际机场28千米，距南京、镇江、常州市均60千米。属亚热带季风气候，四季分明，光照充足，自然气候温和，笔者饲养意大利蜜蜂、高加索黑蜂多年。过去对当地品种的认知非常浅薄，也曾经有过许多惨痛的教训。一次非常偶然的机会，笔者在句容本地茅山附近收捕到1群自然野蜂：蜂王乌黑发亮，产卵能力强；蜂群性情温驯，造脾能力强，短短的4个月时间从一个木桶发展到活框8框，当年取女贞子蜂蜜10千克，还自然分蜂分得三箱强群。从此，笔者才意识到当地土蜂这个品种，竟然有如此强大的生产能力，此后便丢掉手上所有的意大利蜜蜂，开始了土蜂养殖的新篇章，笔者认为该品种大有生产潜力，应该发掘重视。

二、发现土蜂的优良性能

土蜂繁殖性好，表现在能成为中、大型蜂群，用意蜂箱标准养殖5张蜂脾以下的新蜂王不用担心分蜂，不爱逃、不易产雄蜂卵为特征。工蜂体形小，黑色或褐色，耐寒；造新巢脾的能力强，新脾面积大。蜂王产卵集中成片，工蜂哺育性好。土蜂恋巢性好。一般5~8脾蜂量每年春、秋各分蜂1次，每次分出1~2个子群。蜂群继续生息，难得灭群。土蜂采集性好。它能够采集利用零星蜜源，山野林间、田间地头，有花之处都可以看到它那忙碌的身影。而且，它的产蜜量高，一般的群，每年收优质蜂蜜5千克以上。

土蜂抗病能力强，它来自山野，在千万年的进化过程中，保持了优良的抗逆性，一些生存在墙洞、屋檐下的野生蜂群，繁殖能力十分优秀。

土蜂抗天敌能力强。句容是丘陵地区，有树林便有胡蜂，而各种胡蜂是它的主要天敌。土蜂飞翔敏捷，胡蜂在空中难以抓到它，只好守在巢门口，但土蜂往往群体围上，英勇抗敌，抱团攻击身材硕大的诸如虎头蜂、金环胡蜂等，不惜牺牲自己。养蜂人只要固牢巢门不使胡蜂进箱，并经常拍打来犯之敌，土蜂一般不会受侵飞逃。

三、濒危现状

苏南地区意大利蜜蜂是由国内最早无锡华绎之先生从日本引进的，由于当时可以大规模在养蜂船上饲养，受到江南地区许多养蜂人士的喜爱。意大利蜜蜂从民国时期引进国内已有百年，依然只有少量自然蜂群能在东北长白山地区，新疆北部的阿勒泰山林中自然生存，其他区域必须依靠人工管理饲养繁殖，而饲养意大利蜜蜂的许多养殖场，当主要蜜源结束后，由于无法像土蜂一样依靠零星、分散的蜜源留在当地繁殖，需追花夺蜜转地放养。因此，意大利蜜蜂虽在一定程度上能代替土蜂的传粉作用，但由于无法在野外生存，只能依靠人工转地放养，生态作用也就丧失了。没有了土蜂，就会使许多显花植物因不能得到授粉而灭绝。

农户为了提高养蜂生产的效益，而饲养引进的高产蜂种，放弃土蜂。这也是导致土蜂种群迅速减少的重要原因。因为意蜂易饲养，繁殖快，产量高。意蜂的特点是产量高，以采集大众蜜源为主，如人工种植的油菜花、葵花、柑橘、荔枝、龙眼等，但冬季蜜源少的时候就不能生存，只能饲喂白糖或者运着一箱箱蜜蜂全国各地到处追花，养蜂人被称为职业“追花人”。因为意蜂不耐寒，低于8℃将不会出去采蜜。而土蜂虽然产量没有意蜂那样高，但即使秋冬季节也能在野外山区生存，深秋季节仍能采集原始森林中珍贵的野花草蜜。所以冬蜜的质量往往是一年中最好的。

四、生态作用

意大利蜜蜂在中国自然生态系统中，在生态位上与土蜂虽然有许多重叠，但其个体特性却有许多差异，如意大利蜜蜂的工蜂嗅觉灵敏度较低，不易发现分散、零星开花的低灌木和草本植物，如十字花科、蔷薇科、漆树科、山茶科、五加科、唇形科、菊科、葫芦科等。这些种类的植株分散，矮小，多生长在遮阴处。开花时，土蜂是主要采花者，意大利蜜蜂的工蜂很少去。另外，在同一采集地区，土蜂每日外出采集时间比意大利蜂多2~3小时。因此，土蜂对本地植物授粉的广度和深度都超过意大利蜜蜂。土蜂被意大利蜜蜂取代导致当地植物授粉总量降低，使多种植物授粉受到影响，一些种类的种群数量逐渐减少直至最终绝灭，结果导致山林中植物多样性减少。

中华蜜蜂的工蜂在气温7℃左右能正常运行采集活动，而在四川阿坝地区的阿坝亚种，当气温在3~4℃时，工蜂便出外采集。当在气温14℃以下时，土蜂群外出采集的工蜂平均超出意蜂3倍。安全采集气温土蜂为6.5℃，而意蜂却是11.0℃，土蜂工蜂采集气温比意蜂低3~5℃。如果意大利蜜蜂取代土蜂，早春和晚秋在较低气温中开花的物种，如柃木属、香薷属、菊科、十字花科等一些种类，其授粉作用受严重影响。

在中国山林中，胡蜂种类众多。土蜂能够抵抗胡蜂的攻击，与胡蜂处于共存的平衡状态。而中国许多胡蜂种类对引进的意大利蜜蜂品种造成毁灭性打击。在欧洲，山区胡蜂种类少，多为小型胡蜂，与当地野生意大利蜜蜂种群处于相互共存的平衡状态。意大利蜜蜂引入中国后，不能抵抗中国胡蜂的攻击，因此无法代替土蜂成为新领地的野生种群发挥生态作用。

第二节　土蜂和意蜂的区别

土蜂是我国本土有的蜂，善于采集多花种植物，蜂蜜产量低、所产蜂蜜晶体细腻，土蜂不需要人工喂养所以蜂蜜的纯度非常高。土蜂生活在丘陵及山区，污染少，花的数量不多但是品种多，所以营养更丰富，成分更多。《本草纲目》中记述其对人体健康价值高，是药引的首选蜜，堪称“蜜中精品”，也由于酿蜜周期长、蜜源稀少被誉为“蜜之珍品”。我国的一些传统地方蜂种名优，但从目前各地所养蜂种看，我国地方名优蜂种都处于数量稀少的危险边缘，有些则已达濒危状态。

外貌：体躯较小，头胸部黑色，腹部黄黑色，全身披黄褐色绒毛。

习性：飞行敏捷，嗅觉灵敏，出巢早，归巢迟，每日外出采集的时间比意大利蜂多2~3小时，善于利用零星蜜源。抗蜂螨和美洲幼虫腐臭病能力强，不采树胶，分泌蜂王浆的能力较差，蜂王日产卵量比西方蜜蜂少，群势小。相对来说，土蜂才是勤劳的小蜜蜂。

形态特征：蜜蜂具有一般昆虫的形态特征，体躯分节，分别集合为头部、胸部和腹部三个体段。在部分体节上着生成对的附肢，附肢也分节。外骨骼的体壳支撑和保护蜜蜂的内部器官。体表密生绒毛，具有护体和保温作用。特别在寒地越冬结团的蜂群，蜜蜂绒毛保温意义尤为重要。头部和胸部的绒毛呈羽状分叉，这对蜜蜂采集花粉和促进植物授粉具有特殊的意义。蜜蜂体表有些空心状与神经相连的毛是蜜蜂的感觉器官，比较耐寒。

意大利蜂是西方蜜蜂的一个品种。原产于意大利的亚平宁半岛。产育力强，对大宗蜜源类似平原地区的采集力强，但对零星蜜粉源山区地方的利用能力很差；对花粉的采集量大。在夏秋两季，往往采集较多的树胶。分泌王浆的能力强于其他任何品种的蜜蜂。饲料消耗量大，在蜜源贫乏时，容易出现食物短缺现象。性情温驯，不怕光，开箱检查时很安静。方向性定向力较差，易迷巢，盗性强。清巢习性强。以强群的形式越冬，越冬饲料消耗量大，在高寒地区越冬性能差。抗病力较弱，易感染美洲幼虫病、麻痹病、孢子病和白垩病；抗螨力弱，极易遭受螨害。抗巢虫的能力较弱。要经常使用抗生素。就是说意蜂虽然经济效益高，但是外来物种水土不服。

外貌：腹部细长，腹板几丁质为黄色。个头比土蜂大。我们平常看到的黄黄的蜜蜂都是意蜂。原产地地中海气候和蜜源条件的特点是冬季短、温暖而湿润；夏季炎热而干旱，花期长。在冬季长而严寒、春季经常有寒潮袭击的地方，适应性较差。不耐寒。

土蜂的最大优势在于对我国生态地理环境条件具有独特的适应性，也是我国特有的生态条件形成的。

土蜂相对意蜂来说基本有以下特点。

土蜂群势小。正常情况下，蜂群的群势取决于蜂王的产卵力和工蜂的寿命。蜂群的理论群势可通过蜂王的日平均产卵量和工蜂在繁殖期的平均寿命推算。由于土蜂蜂王的日平均产卵为750粒，土蜂工蜂的平均寿命为35天，所以土蜂的理论群势为：土蜂理论群势（只）=750×35=26 250（只）。而意大利蜜蜂，由于意蜂蜂王的日平均产卵为1 500粒，意蜂工蜂的平均寿命为35天，所以意蜂的理论群势为：意蜂理群群势（只）=1 500×35=52 500（只）。土蜂的群势只有意蜂的一半。

土蜂的3种类型蜂其个体长度都比相应的意蜂小（表1-1、图1-1、图1-2）。

表1-1　土蜂和意蜂3型蜂体长

型别	蜂王	工蜂	雄蜂
土蜂	13~16毫米	10~13毫米	11~13毫米
意蜂	16~17毫米	12~13毫米	14~16毫米

土蜂　　意蜂

图1-1　土蜂、意蜂对比

土蜂3种类型蜂从卵到成蜂羽化出房的各阶段发育历期，除了蜂王外，工蜂和雄蜂都比相应意蜂的短（表1-2）。

表1-2　土蜂和意蜂3型蜂各发育阶段发育期（日）

型别	中王	意王	土蜂	意蜂	中雄蜂	意雄蜂
卵期	3	3	3	3	3	3

（续表）

型别	中王	意王	土蜂	意蜂	中雄蜂	意雄蜂
幼虫期	5	5	6	6	7	7
封盖期	8	8	11	12	13	14
出房期	16	16	20	21	23	24

华南中蜂蜂王　　华南中蜂雄蜂　　华南中蜂工蜂

图 1-2　土蜂 3 种类型蜂对比

土蜂 3 型蜂巢房比相应的意蜂巢房小。土蜂雄蜂的封盖呈“笠”状，且尖顶有小孔（表 1-3）。

表 1-3　土蜂和意蜂 3 型蜂巢房大小

型别	中王	意王	土蜂	意蜂	中雄	意蜂
对边距	6~9	8~10	4.81~4.97	5.2~5.4	5.25~5.75	6.25~7
深度	15~20	20~25	10.8~11.75	12.00	11.25~12.7	15~16

土蜂善于利用零星蜜源。土蜂可采集浓度较低的花蜜，有利于利用花蜜浓度较低的蜜源和在花蜜浓度较低时就可抢先采集。研究显示，当花蜜含糖浓度 30%~40%时，两者采蜜量差异不显著，50%~70%的，意大利蜂高于土蜂 9.28%，低于 20%时，土蜂采蜜量高于意大利蜂 9%以上。土蜂嗅觉比意蜂灵敏有利于发现和利用零星蜜粉源。飞行敏捷善于避过胡蜂和其他敌

害的追捕，也有利于利用山区蜜粉源。可做到无大蜜源时饲料自给有余。土蜂善于利用零星蜜源是土蜂能适应山区丘陵地区生存的重要因素，也是土蜂能定点养殖的关键因素。

土蜂工蜂扇风时头朝外。在炎热季节，蜜蜂常常要通过扇风来增强蜂巢通风，从而降低巢内温度。意蜂扇风时，是采取头部朝向蜂箱巢门的姿势扇风，将风从蜂箱中抽出。而土蜂则相反，土蜂扇风时采取的姿势是头部朝向巢外，将风鼓进蜂箱。土蜂的这种扇风方式，一方面将外界较冷的空气扇入巢内，使得箱内较湿热的空气冷却成水气，并凝结在箱壁形成水珠，另一方面致使巢内的湿气难以排除，而导致巢内相对湿度较高。土蜂巢内常年可保持湿度在80%~95%，大流蜜期的雨天可高达100%。土蜂通风的方式决定了土蜂在潮湿的南方酿不出含水量很低的蜜。由生态适应性决定山区地方才有真正的土蜂蜂蜜，由通风方式决定了蜂蜜的黏稠程度，土蜂夏蜜产量最大，夏季温度高，与巢内的温度形成最大的反差，所以凝结成水气导致巢内湿度非常高，所以土蜂所产夏季百花蜜即土蜂蜜的浓度是不可能高的，含水量超过20%。

土蜂不采蜂胶。土蜂不具采集蜂树胶的习性。土蜂营造巢脾，粘固框耳，填补箱缝隙都完全用自身分泌的纯蜡，而不采集植物的芽苞、树皮或茎干伤口上的树胶来补充。因此，土蜂巢脾熔化提取的蜂蜡，不仅颜色洁白，而且熔点比较高，土蜂蜡的熔点66℃，意蜂蜡的熔点64℃。

蜂王浆、蜂花粉、蜂胶都是意蜂的产物。土蜂怕震动易离脾，蜂群受到轻微震动后，工蜂即会离开子脾偏集于巢脾的上端及旁边，若受到激烈震动就会离开巢脾往箱角集结，甚至涌出巢门。土蜂怕震动易离脾的特性，虽然在取蜜时很容易抖蜂取蜜脾，但对长途转地饲养很不利，会使幼虫长时间得不到哺育和保温而造成死亡，导致到达目的地后群势严重下降。所以土蜂一般都定点养殖，而不追赶花期。

土蜂易飞逃。土蜂对自然环境适应极为敏感，一旦原巢的环境不适应生存时就会发生迁栖，另寻适当巢穴营巢，这种习性称之为“飞逃”。这是土蜂抗逆性强的表现，它有利于土蜂种族的生存繁衍。

土蜂分蜂性强。自然分蜂指在蜜粉源丰富、气候适宜、蜂群强盛的条件下，原群蜂王与相当数量工蜂和部分雄蜂飞离蜂巢，另择新居营巢生活的群体活动。它是蜜蜂群体自然增殖的唯一方式。土蜂好分蜂，这是适应性强的表现。但好分蜂，难于维持强群，所以土蜂单产较低。

土蜂白天性躁，夜间温驯。土蜂在白天不如意蜂温驯，但在夜间土蜂的防卫能力很差，当夜间开箱检查时，工蜂容易离脾，但不会随便用螫针攻击敌害物，这点刚好与意蜂相反，意蜂在夜间只要稍微揭开箱盖，手碰巢脾时就立即被蜇。

土蜂盗性强。发生盗蜂，一般是强群盗弱群，有王群盗无王群，缺蜜群盗有蜜群，无病群盗有病群。物竞天择，自然选择。土蜂蜂群失蜂王后易出现工蜂产卵。

土蜂造脾迅速。土蜂造脾快又整齐是它一种本能，是长期遗传下来的一种特性。土蜂在自然界生存，为了防御巢虫危害，常常要咬掉旧脾再造新脾；为了避开不良环境常常要迁飞，另营新居。因此，造就了土蜂多泌蜡、快造脾的特性。由于土蜂不采蜂胶，所以土蜂的巢脾洁白，但强度比意蜂巢脾差。

土蜂好咬旧脾，喜新脾，土蜂抗病虫害特性。

雅氏瓦螨，又叫大蜂螨，是当前严重为害西方蜜蜂，特别是意大利蜜蜂的寄生螨类。当螨寄生在封盖蛹内，使蛹发育不良，无法发育成健康的成蜂。蜂螨是土蜂的原始寄主，经长期互相抗争，已对土蜂没有明显为害。工蜂的蛹不被寄生。只有少数螨寄生在雄蜂的封盖幼虫及蛹内（占雄蜂房10%以下），不造成危害。土蜂对小蜂螨（亮热厉螨）也具有抗性。福建农林大学龚一飞教授曾于1962年7月特地用受小蜂螨严重为害的2框意蜂烂子脾，脾上可见小蜂螨纵横爬行，分别插进2个土蜂群的中央，3日后检查蜂群，发现烂子全部被清除干净，并一直观察到翌年7月，试验群繁殖和采蜜正常不受为害。

美洲幼虫腐臭病是欧洲4大名种蜜蜂的一种顽固的传染性幼虫病害，蜂群得病后引起3~4日幼虫死亡。该病病原是幼虫芽胞杆菌，这种杆菌抗药性很强，一般很难根治，是一种严重为害意蜂的病害。土蜂幼虫不受此病感染，如果将已感染美洲腐臭病的意大利蜂子脾插入土蜂群内，土蜂工蜂会清理其中有病的意蜂幼虫，而从不传染本群幼虫。土蜂抗美洲幼虫腐臭病的原因，是幼虫体内的血淋巴蛋白酶不同于西方蜜蜂，具有抗美洲腐臭病基因。

南方山区为害蜜蜂的凶恶胡蜂达5种，尤以马蜂最凶猛。但土蜂飞行灵活敏捷，进出巢门直入直出，在巢门口停留的时间很短，善于躲避胡蜂为害。特别是胡蜂猖獗的炎夏，土蜂还有在清晨和黄昏突击进行采集的特殊习惯，可以大大减少胡蜂及其他敌害的捕杀。若遇到小型胡蜂在巢门口侵袭时，土蜂守卫蜂数量增加至几十只，在巢门板边上排列成一行，一起摇摆腹部，突然紧缩翅膀一致发出“唰唰”声，以恐吓胡蜂。当大型胡蜂侵犯时，守卫蜂龟缩到巢门内，让来犯者进入巢门。胡蜂进入巢门后，巢门内附近的青年蜂立刻与胡蜂厮杀，扭成一团，由于在巢内厮杀，胡蜂无法逃脱，众多工蜂即可把胡蜂杀死。土蜂这种防御胡蜂的能力远远超过西方蜜蜂。

土蜂抗寒。土蜂个体比较耐寒。土蜂个体的安全临界温度为10℃，意蜂的为13℃。土蜂在气温5~6℃时出现轻度冻僵，2~4℃时开始完全冻僵，0℃时完全冻僵；意蜂在气温7~9℃时轻度冻僵，4~5℃时开始完全冻僵，2~5℃时15~20分钟完全冻僵。土蜂在气温9℃就能安全采集鹅掌柴蜜源；在晴天，即使阴处气温只有7℃时，土蜂也能大量出勤采集柃树蜜源。而意蜂要在14℃以上才能正常出外采集。据观察，气温低于14℃时的鹅掌柴花期，土蜂蜂群出勤数明显高于意大利蜂群。土蜂耐寒的特性，有利于利用冬季的蜜源。土蜂是一个抗寒性强的蜂种。由于土蜂群具有完善的抗寒特性，这说明它的起源是在温带地区，然后再向亚热带、热带地区扩散。

土蜂蜂蜜日产量低。土蜂工蜂个体比意蜂小，每次采蜜量也比较少。土蜂在大流蜜期的日采蜜量不如意蜂。但土蜂习性勤劳，早出晚归，善于充分利用零星蜜源，在同样零星蜜源情况下，意蜂入不敷出，而土蜂尚有贮存。

土蜂认巢能力差，易错投。土蜂由于认巢能力差，易错投，所以排列蜂群时应利用地形地势分散排放，蜂群之间要有适当间隔。整齐排列的肯定不是土蜂。

一个多世纪以来，中国近代养蜂业的文化建构一直模仿西方的技术体系，引进西方蜜蜂优良品种意大利蜂，以至于今天外来蜂种引发的生物污染导致了土蜂的濒临灭绝，保护土蜂迫在眉睫（图 1–3）。

图 1–3　意蜂正在攻击土蜂

土蜂与中国不同类型生态系统之间存在着千丝万缕的联系，它和中国数以万计的生物物种结下了相互依存、相互制约的关系，并且中国本土众多植物的顺利授粉传种必须依靠土蜂。一旦土蜂在中国本土生态系统中缺位，那么依靠土蜂授粉的植物将无法正常繁衍，与之有食物链关系的昆虫和鸟类种类也随之减少，本土生物物种多样性水平将急剧下降，中国整体的生态安全将蒙受致命打击。只有挽救土蜂这一土生土长的蜂种，使其不偏离中国养蜂业的技术体系，中国的生态安全才能得到保障。

第三节 因地制宜选养蜂场地

几千年来，人们常说“天时不如地利，地利不如人和”，其实养蜂也要非常重视蜂场场地的周边环境，蜜蜂为传花授粉昆虫。植物如果没有传花授粉，将不能延续繁衍。初学者养蜂应观察地势与地理位置，“蜂拥而至”就是这个道理。在江苏省句容市有个茅山景区坐落着非常大的老子铜像，据说老子铜像建好一个月后，铜像左手就结了个直径1米左右的马蜂窝，由于在两个手指之间，有“蜂拥而至”之意，蜜蜂是极具灵性的昆虫。养蜂场地的周围条件是否合理，将直接影响蜜蜂产品生产的成败。

选择不转地养殖蜜蜂的场地，要从有利于蜜蜂采集飞行、新蜂试飞、水源地等生物多样性来考虑，同时也要兼顾养蜂人员的生活条件，一个蜂场放置的蜂群以不多于50群蜂为宜。必须通过现场认真的查看和细心的观察，才能作出选场决定。由于选场时，仍可能对自然条件或其他问题考虑不周，如果定场过急，常会出现进退两难的局面。所以，在投入大量资金建场之前，一定要特别慎重，场地经2~3年的养蜂实践考验后，确定符合建场要求，方可进行基建。理想的以生产蜜蜂产品为主的养蜂场址，应具备蜜粉源丰富、交通方便、小气候适宜、水源良好、场地面积开阔、蜂群密度适当和人蜂安全等基本条件。

1. 蜜粉源丰富

丰富的蜜粉源是养蜂生产基本的条件。选择养蜂场址时，首先应考虑在蜜蜂的飞行范围内是否有充足的蜜粉源。在固定蜂场的2.5~3.0千米范围内，全年至少要有一种以上高产且稳产的主要蜜源，以保证蜂场的稳定收入；在蜂群的活动季节还需要有多种花期交错连续不断的辅助蜜粉源，以保证蜂群的生存和发展，进行多种蜜蜂产品的生产。在考察蜜源时，应根据一定范围内的面积、蜜源密度测算蜜源的实际面积，再由蜂群对不同蜜源需要的数量，估计可容纳蜂群的数量。一群蜜蜂需要长势良好的蜜源，如油菜、紫云英、荞麦、苜蓿、云芥等小花蜜源，果树类蜜源，瓜类作物蜜源，向日葵、棉花等大花蜜源。

2. 蜂场交通条件

蜂场的交通条件与养蜂场生产和养蜂人生活都有密切关系。蜂群、养蜂机具设备、饲料、蜜蜂产品的运销以及蜂场职工和家属的生活物质的运输都需要比较理想的交通条件。一般情况下，交通方便的地方野生蜜粉资源往往也破坏严重。因此，以野生植物为主要蜜源的定地蜂场，在重点考虑蜜粉源条件的同时，还应兼顾蜂场的交通条件。

3. 适宜小气候

放置蜂群场地周围的小气候，会直接影响蜜蜂的飞翔天数、日出勤时间的长短，采集蜜粉的飞行强度以及蜜粉源植物的泌蜜量。小气候主要受植被特点、土壤性质、地形地势和湖泊河流等因素的影响形成的。养蜂场地选择地势高燥、背风向阳的地方。如山腰或近山麓南向坡地上，背有高山屏障，南面一片开阔地，阳光充足，中间布满稀疏的高大林木。这样的蜂场场地春天可防寒风侵袭，盛夏可免遭烈日暴晒，并且凉风习习，也有利于蜂群的活动。

4. 水源良好

没有良好的水源的地方不宜建立蜂场。蜂场应建在常年有涓涓流水或有较充足水源的地方，且水体和水质良好，悬浮物、pH 值溶解氧等水质指标应合格。蜂场不能设在水库、湖泊、河流等大面积水域附近，蜂群也不宜放在水塘旁。因为在刮风的天气，蜜蜂采集归巢时容易在飞越水面时落入水中，处女王交尾也常常因此而损失。此外，还要注意蜂场周围不能有污染或有毒有害的水源。

5. 蜂群密度适当

蜂群密度过大对养蜂生产不利，不仅减少蜂蜜、蜂花粉、蜂胶等产品的产量，还易在邻场间发生偏集和病害传播。在蜜粉源枯竭期或流蜜期末容易在邻场间引起盗蜂。蜂群密度太小，又不能充分利用蜜源。在蜜粉源丰富的情况下，在半径 0.5 千米范围内蜂群数量不宜超过 100 群。养蜂场址的选择还应避免相邻蜂场的蜜蜂采集飞行的路线重叠。如果蜂场设在相邻蜂场和蜜源之间，也就是蜂场位于邻场蜜蜂的采集飞行路线上，在流蜜后期或流蜜期结束后易被盗；如果在蜂场和蜜源之间有其他蜂场，也就是本场蜜蜂采集飞行路线途径邻场，在流蜜期易发生采集蜂偏集邻场的现象。

6. 保证安全

蜂场的场址应能够保证养蜂人和蜜蜂的安全。建立蜂场之前，还应该先摸清为害人与蜂的敌害情况，如大野兽、黄喉貂、胡蜂等，提早能避开有这些敌害的地方建场，或者采取必要的防护措施。对可能发生山洪、泥石流、塌方等危险地点也不能建场，尤其是要调查所选场址在历史上是否发生过水灾或场址周边历史记载高水位。山区建场还应该注意预防森林火灾，除应设防火路之外，厨房应与其他房舍隔离。北方山区建场，还应特别注意在大雪封山的季节仍能保证人员的进出。养蜂场应远离铁路、厂矿、机关、学校、畜牧场等地方，因为蜜蜂性喜安静，如有烟雾、声响、震动等侵袭会使蜂群不得安居，并容易发生人畜被蜇事故。在香料厂、农药厂、化工厂以及化工农药仓库等环境污染严重的地方决不能设立蜂场。蜂场也不能设在糖厂、蜜饯厂附近，蜜蜂在缺乏蜜源的季节，就分飞到糖厂或蜜饯厂采集，不但影响工厂的生产，对蜜蜂也会造成很严重损失。

7. 蜂箱巢门开向

（1）蜂箱巢门开向东面。如果蜂箱巢门开向东面，也就是太阳升起的地方。在太阳升起的时候，必然有阳光会照进蜂群中，这对蜜蜂的生活环境是会造成一定影响的，所以这个位置不适合。

（2）蜂箱巢门开向西面。与上面的道理一样，太阳落山的时候阳光直射巢门，同样影响蜂群的发展，所以蜂箱巢门开向西面也不适合。

（3）蜂箱巢门开向背面。从气候的角度来说，我们国家是亚热带季风气候，冬天以西北风为主、而夏季则以东南风为主。这样我们不难看出，在冬季的时候寒冷，如果巢门开向北方，必然会刮风进入蜂箱，这可是蜜蜂越冬的关键时间，蜜蜂基本无一生还；夏季的时候虽然也有刮风，但是夏季温度高，东南风顺带给蜂群降温。从大方向上来说是这样的，但是如果是我们特殊的地理环境，还是根据当地的要求来比较好，但是还是应该考虑阳光和风对蜜蜂的影响，如果巢门正对阳光或者正对风口，那可是容易引发蜜蜂偏集甚至逃群的。

（4）蜂箱巢门开向南面。因为蜜蜂喜欢阳光明媚的地方，把蜂巢门开在阳光能照到的地方，也利于蜜蜂进入蜂箱。

第四节　温湿度对蜂群的影响

温度、湿度对蜂群的发展是非常重要的，所有昆虫生存都同温度湿度相依存，野外土洞蜂度夏不明显，就是这种原因。蜂群的健康发展巢内必须拥有一定湿度，箱内太湿幼虫容易烂子，箱内太干容易起巢虫和烂子，所以这个度要把握好，我们养蜂人必须要搞懂这点，箱内太湿时，可以把覆布折起一个角透气，当在夏天太热，箱内太干时，我们可以考虑在箱底无蜂一边放充分浸透水的海绵或纸尿裤，这样增加湿度，夏天箱内湿度高，巢蜂不适合繁殖。巢内蜂调节，巢外蜂适应，夏做遮阳，冬做保温，大自然中的蜂群都能活得很好，箱内温湿度蜜蜂自己会调节。如果依靠自然条件，那么只要有适合新蜂试飞的天气都可以繁育。

土蜂是水蜂子，如果湿度不够，蜂群无法生儿育女，消耗蜜蜂体力，因蜜蜂要不停的采水甚至有时外勤蜂全部采水都不能保证蜂箱湿度，加重蜂群耗蜜耗粉，外勤蜂几乎停止采蜜采粉，蜂王停产，蜂群就对蜂箱有很大意见，采取飞逃手段了。

活框蜂箱或者土养蜂桶里的空气流通不能有烟囱效应，活框用塑料布盖，不能用普通布，也有用塑料编织袋的，覆布上有较多水滴正常，框梁上发霉不正常，原因是蜂群的工蜂密度不够。水珠多少除与内因蜂量相关外，也同白天气温相关。江苏省句容市白天温度有 27~30℃，晚上只有 16~17℃，外冷内热，蜂越少水珠越多。要低湿，只要折角多留空位换气，就能降湿。活框土蜂大群在繁殖期，即使外面很热，纱网也被蜜蜂们用蜂蜡封得很严，就是把纱网上的蜂蜡除掉后它们 2 天左右就全部封严，蜂箱周围全是水，除了巢门外没有一点儿通风口。因为它们知道通不通风，通风量大了湿度也就低了。如果看到蜜蜂咬巢门，说明里面的湿度大，要把巢门开大些。

蜂巢内有子和无子时，对温度的要求不一样。子发育的适宜温度是 34~35℃。温度低于 32℃，发育期延长 1~3 天。温度高于 36℃，就会缩短发育 1~2 期天。无子巢内适宜温度为 14~32℃，蜂群在 20~25℃时，消耗食料最省。当升高或降低温度时，消耗食料都会相应增加。土蜂安全采集的温度为 10~40℃，当气温下降到 8℃以下时，群体蜜蜂就会结成球团，依靠团集运动升高温度。越冬蜂团中心温度为 14~25℃，外围温度为 6~10℃时消耗食料最省。蜂巢内温度湿度蜜蜂都能自己调节的。在 33~34℃，31~32℃羽化时间变慢，且蜂王品质较差。

有一种设计，紧靠蜂箱底板在前箱板和后箱板底部，对应钻两个孔，用一根金属管穿过并固定，在前箱板外将金属管折弯向上，并固定在箱壁上，高度高过蜂箱，具体多高，因地、因时调整，天大热时高些，小热时低些。这样，天热时，尤其是太阳强烈时，外部金属管被加温，烟囱效应加剧，会拉动管内空气上升，冷空气从后部进入，穿行在箱中金属管内，带走箱中热量，冷凝箱中水汽。

蜂群在生活中有两个重要的影响因子，就是温度和湿度，在断子期，巢温随外界温度而变化，一般在6～32℃，在繁育期，蜂巢育子区的温度恒定在34～35℃，在育子期，巢内相对湿度在65%～75%时，适合蜂群发展，有幼虫的子脾其相对湿度在75%～90%。不论温度，还是湿度，低于或超过合理区间，蜂群都会去调节。在调节的方式上，西方蜜蜂调温时向外抽风，而土蜂却向巢内鼓风。热有两种体感，一种是干热，一种是湿热，相对而言，湿热更闷，调节的难度更大一些，而恰恰在整个蜂群活动期，尤其是流蜜期，巢内湿度是非常大的，与其说蜜蜂扇风是为了调温，倒不如说是为了调湿。

在天干热时，西方蜜蜂是靠蜂力，采水给蜂巢降温，然后把湿热空气向外抽走，在湿热时，则直接把湿热空气抽走，水是不重复利用的，土蜂向巢内鼓气，如果说是鼓气降温、降湿，就有点说不过去了，因为外界的温湿度也很高，一个合理的解释是通过向巢内鼓气，让巢内的空气加快流动，通过流动，让空气流经育虫的暖区，并借助于暖区的加速作用，流向四周及箱底的冷区，在这一过程中，湿热空气在冷区遇冷，其中的部分水蒸气凝结成水留在箱中，循环再利用，降温、降湿后的空气又回到下一个循环。所以，我们经常看到意蜂箱干燥，土蜂箱潮湿，意蜂是靠蜂力调温调湿，而土蜂是靠自然力去调温调湿。由此可见，土蜂箱不论是什么箱型，一定要留余，余的不是别的，是湿热空气的冷凝器，冷暖区的温差保持在合理区间，则蜂群调温调湿所需投入的蜂力较小。这就合理地解释了野生土蜂为什么比较喜欢在地穴和石洞中筑巢了，因为地穴和石洞容易形成较合理且相对稳定的温差。

箱内太湿了可以换箱，晒箱，喷药预防疾病。湿度也会影响封盖蜜的进度，湿度高，蜂扇蜜的强度增大，封盖蜜的进度慢。反之，则相反。土蜂比意蜂个体小，翅膀及扇风量也较小，如湿度高，采集的蜜水分也高，所以封盖的进度也会慢。

要维持蜂群内温度恒定，必须以一定群势大小为基础。实验证明，只有当蜂群内的工蜂数量达到15 000只，才能维持群内温度恒定。因此，在养蜂生产中，特别是早春，切勿将弱小蜂群的保温物随便除去，否则会引起蜂群受冻而使早春繁殖失败。

人工蜂箱是一个密封性比较好（包括空气、光线不易钻进去）的呈方形的木制箱体，当然不少蜂友会在夏季，流蜜期加开通气窗口。光线真的会给蜂群带来不安，会影响到它们的发展吗？答案是否定的。有些蜂友会反问：为什么一打开蜂箱的大盖，它们就不安静，有的抖动，有的蜂想飞起蜇人，那是一种生物性的应激反应，正如你冷不丁的被吓了一跳一样。几群蜂在峭壁边暴露光线的环境下，同等地点同一时间，群势并不比家养精心照顾的弱。

支持糊严蜂箱，养蜂的在同一个地方，大都是几群到几十群或更多，而在我们日常会进行饲喂蜂群、摇蜜等工作。那么，糊严蜂箱起到更好的防范盗蜂的发生、巢虫的为害。高湿并不影响蜂群的繁殖，反而高温低湿会影响蜂群的繁殖。所以在夏季有必要人工增加蜂箱内的湿度。

蜂箱略挂水珠，可以看成箱内温湿度在合理值范围内的感观指标。太湿，则表明巢内的空气湿度大于75%，对幼虫的繁育不利，蜂群发展不起来，太干，则对幼蜂出房不利，甚至造成出房困难。箱内干燥，有两种原因，一是群势弱，调节温、湿度的热力发动机功率不足，二是箱内外、箱内冷暖区的温差不够或太大。

第二章　土蜂繁殖技术

第一节　关于土蜂授粉

授粉是一种植物结成果实必经的过程，成功坐果对农作物生产至关重要，授粉是坐果的关键步骤。意大利蜜蜂授粉一直被认为是大田农作物和园艺作物的最佳授粉方式。然而，土蜂在多数环境情况下普遍被证明远比意大利蜜蜂更能有效进行授粉。土蜂为温室蔬菜及果树授粉，不但可以大大的提高产量，更为重要的是可以改善果菜品质，降低畸形果菜的比率，解决应用化学授粉所带来的激素污染等问题，因此，土蜂成为温室蔬菜授粉的理想昆虫。

一、土蜂授粉的特点（较意大利蜜蜂）

（1）土蜂是温室、塑料大棚、拱棚及露天作物的高效授粉蜂种。

（2）土蜂对低温与低光照环境不敏感，5℃以上便可出巢访花，适应性强。

（3）土蜂在作物上停留时间更长，单位时间内访花更多。

（4）土蜂在恶劣天气条件下仍进行授粉工作。

（5）土蜂性情温顺，攻击性较弱。

（6）土蜂以振动方式进行授粉。

二、土蜂授粉优势

1. 土蜂授粉优势

(1) 替代人工，不用蘸花，提高坐果率。

(2) 果实周正，不偏心，提高果实的一级品率。

(3) 提高果实产量和品质，设施栽培番茄增产25%以上，甜椒单果重提高30%，草莓单果提高20%，蓝莓单果提高20%。

(4) 减少灰霉病的发生。

(5) 维生素含量提高，口味提升。

2. 蜂箱的存放

正确地存放蜂箱，决定着蜂群的存活状态。

在炎热的季节，把蜂箱放在避光的一侧。如有必要，增加遮挡，避免阳光直射。

冬季把蜂箱放在作物上面约35厘米，在春季、夏季和秋季，请把蜂箱放置在作物大约30厘米上方。

确保作物叶面没有遮挡到蜂箱的盖子，土蜂进出口被遮挡有可能影响土蜂功能。

不要把一个蜂箱放置于另外一个蜂箱上。

请水平放置蜂箱，在箱子周身对外开口（可用塑料管通向棚外）和棚内开口。

当蜂箱放置于作物行间时，请将其置于棚室过道处。

在作物打药时不要放置蜂箱。

不要把蜂巢紧挨着取暖设备。

蜂箱春、夏、秋、冬季节放置方法和位置不同。

3. 蜂群活动需要的理想条件

确保蜂箱处于良好环境中是十分重要的。

确保温室温度持续保持在12~30℃。

当温度低于12℃或者高于30℃时，农作物和土蜂都会处于不活跃状态，从而影响花粉的生长、发育、授粉及受孕。

相对湿度保持在50%~90%。如出现长时间的高湿度，保持温室、大棚通风。如相对湿度过低（50%以下），或者过高（90%以上），将导致作物授粉和受孕不良。

使用丝网把土蜂固定在温室或者大棚里，以防止周边作物对土蜂的吸引。

确保风箱不被水滴淋到。

在清晨早些时候或者下午晚些时候打开蜂箱，避免温度过高或者强光直射。

使用农药前请关闭并转移蜂群。

4. 授粉是否成功的标准

当土蜂访西红柿花时，它将啃咬花朵，留下肉眼可见的咬痕。土蜂一次访花就可以产生良好的授粉效果。然而，在正常的天气条件下，建议每朵花多次授粉。

有些时候，在恶劣天气或者突然的花开情况下，授粉次数不多，咬痕比较轻。请保持耐心，几天之内授粉频率将回归正常状况。

建议检查盛开花朵的授粉情况，刚刚开的花不应该计算在内。新开的花可以以绿色柱头和浅黄色花瓣来分辨。通常需要几个小时才能肉眼分辨出已经授粉过。

日出后 2 小时到日落前 1 小时都可以检查授粉情况，一天快要结束的时候是检查授粉的最佳时机，尤其是天气暖和的时候。

在不利的天气及农作物条件下，花的质量（花型及花粉产量）会大幅下降，这会导致授粉率低于 90%。在过去，人工授粉的情况下，授粉率低于 90%。土蜂不能改变花的质量和天气情况。

授粉后留下的褐色标记影响土蜂授粉的因素。

极端气候：温度低于 12℃或高于 30℃。

花的质量：农作物须保持生长和繁殖的平衡。过度生长会结出大花但是有很少或者没有花粉，这种花不会吸引土蜂。

温室类型：土蜂可以在各式的大棚中工作，但是玻璃大棚和塑料大棚还是有区别的，这对授粉也有影响。有些塑料大棚不能传输紫外线，土蜂感应光线的能力有别于人类，它们需要紫外线在温室中定位，识别方向。好多塑料大棚的农户已经注意到了这个情况，也许会为您选择塑料的材质提供一些建议。

通风系统：通风系统（尤其是没有丝网的通风系统）可导致土蜂在冬季飞出温室外。土蜂在外部极端温度下会被冻死并远离蜂群。

农药的应用：在给农作物施药前，请咨询养殖蜂农。

西红柿的种类：一个温室里有 2 种不同的西红柿会影响到授粉情况。有些时候，一种花粉或者花朵会比另一种更加吸引土蜂的光顾。如果一个温室只有一种西红柿，这将减少潜在的问题达到最佳的授粉效果。

其他竞争的农作物：在春天，露天农作物的花朵对土蜂有很强的吸引力，如果树花朵。

一般授粉需土蜂的量：一个标准大棚放置一箱。授粉的最佳时期：当有多于 25%的农作物开花后，开始使用土蜂授粉。

5. 农户的责任

（1）在温室里合适的位置做足够多的支架，为最大限度的提高效率，每个蜂箱都该放在一个支架上，避免堆积。蜂箱放于叶子冠层外面。蜂箱应放置于通道处。在炎热的夏季，蜂箱应置阴凉处。

(2) 定期检查花朵情况，一周最少 2 次。

6. 蔬菜应用

授粉土蜂——果蔬增产提质之源。

土蜂采集零星花粉源植物非常强，广泛应用于多种保护地和露天栽培作物，如番茄、茄子、豆角、椒类、南瓜、蓝莓、草莓、樱桃、蔬菜制种等。

应用土蜂产品可以完全替代人工激素蘸花，增产增收效果明显，可以显著增加产量和提高品质，大幅降低畸型果率，降低灰霉病的发病率。

利用土蜂为番茄授粉，能显著提高果实的产量达 5%～30%，果实周正，富含种子，并减少灰霉病的发生。

第二节　春季繁殖土蜂方法

我们要想养好土蜂，春季繁殖在整个过程中非常重要。旧法春繁因为很多条件不充分，都是自然春繁，因为春季油菜分泌花蜜前蜜蜂因为花蜜和花粉的短缺，所以在正常自然法则下，土蜂的蜂蜜产量不尽人意，实际上要想春季繁殖好，一定要提前人为干预促进蜜蜂繁殖。

根据句容地区油菜花分泌花蜜时间在 3 月初，人为促繁应提前半月至两个月左右，选择的时间应该提前 40～50 天，所以应该在 1 月中旬左右人为提前开始繁殖比较好，在繁殖前一晚奖励饲喂 1∶1 蜂蜜水（注：因为取蜜时第一次蜜底是蜂蜜，如果用蔗糖会造成第一次取蜜的残留，如不考虑可以自行选择），在框梁上放置蜂花粉和水撮好的条状，在此春繁时，若任其自然繁殖，因为外界花蜜和花粉资源极少，而土蜂繁殖是“蜂蜜型”的，在花蜜和花粉源短缺的季节里，蜂王只会在蜂脾中间区域产下很小的一块蜂卵，发展壮大非常慢，所以在花源分泌花蜜时才进入加速繁殖阶段，从而使收成大打折扣。人为促繁时，首先缩脾紧蜂，3～4 脾蜂抽老黑脾后保留 2 张有茧衣的冬春产卵适宜脾；然后用大孔径注射器吸入 1∶1 糖浆（蜂蜜）置框梁上饲喂。第二天再把调制好的花粉条铺框梁上。框梁上放糖浆（蜂蜜）花粉条后，副盖不好盖就不要盖，只用薄膜全覆盖保温即可。第一批繁殖 2 脾子，20 天后成蜂基本换新达 4 脾，再繁殖 3 脾子，第二批蜂幼虫出来后应该可达到 6 脾左右的生产蜂群。到时便构成了满箱皆新脾、子脾的生机勃勃的群势。整个繁殖期不需喂水，因为箱内密封性好，繁殖时新陈代谢旺盛，产生许多水珠从无蜂端滴落流出，箱内湿度大，不缺水。

一、看好天气，抽脾紧蜂开繁

开繁时仅留两块脾，选择蜜带4~6厘米，蜜带下为有茧衣的半新半旧巢脾供蜂王产卵比较合适。当蜂群受到奖励蜜糖刺激后便立即造热、产子。春繁时土蜂根据它的保温能力逐渐地增造新脾，蜂团慢慢疏松。紧蜂开繁，即使在下雪那样恶劣气候条件下也不会有拖子拖虫现象的。当然，启动春繁之前，一定要看天气预报，超过10天无法排泄的天气（雨雪和最高气温低于7℃）称灾害性天气，超过15天称极端灾害性天气。春繁后蜂群新陈代谢旺盛，低温阴雨时间过长，蜜蜂肠道粪便堆积超量，长期无法排泄，继而发生粪便中有害菌大量繁殖，蜜蜂便开始拉稀而死亡。蜂群越弱，每只蜂的抚育量越大，相同时间内肠道粪便堆积越多，灾害天气时垮得越快。所以碰到灾害性天气，一是弱群推迟春繁，二是通过减少奖饲或停止喂粉减少育虫数，使蜜蜂哺育负担适当，肠道内积存粪便也自然不多。三是促排。抓住最高气温7℃的晴天，中午前后严阵以待，观察温度，太阳一出就应在框梁上浇温而稀的糖浆50~100克，温蜜水更好。

二、要搞好保温

确保没有冷风直接侵袭，但也要有散热换气的缓冲空间。任何一年温差的变化都是存在的，蜂群总是用结紧蜂团与疏松直至完全散开蜂团来调节孵化所需要的温度，所以保温所用的小隔板外要留出一定的空间（至少能放下一个饲喂器）便于蜂群松开蜂团，但闸板必须紧贴蜂脾，避免蜂群在闸板上造赘脾而影响正常造脾。留缓冲空间只是留在闸板外边，这很重要，杨多福先生发现幼虫受热比受凉影响更大。饲喂用大孔径注射器盛温热糖浆（蜂蜜）置框梁上，一是保温，二是防盗，此时可不盖副盖，用薄膜把上面全覆盖保温即可。

三、喂糖、喂粉要及时

喂糖（蜂蜜）不只是让蜂群有糖吃，更重要的是刺激蜂群退出冬眠，工蜂积极造热转入正常繁殖恒温，蜂王积极产卵。奖饲要少喂，要勤喂，糖浆（蜂蜜）量根据框数确定，一般一次放置的量三天内可吃完即可，吃完后可间隔一至两天再喂，糖水比例1：1，切记：少吃多餐，这样蜜蜂就繁殖好，喂太多造成蜜压子反而繁殖不好。当然如果脾上贮蜜多，在通过奖饲调动蜂群转入繁殖状态后，可只喂粉即可；也可不奖饲，因为土蜂在春繁之初不但能高度自治，而且无育雄、育王情绪，所以，此时不必采用奖励饲喂。但为了减少外出采集花粉的消耗和损耗，可及时喂粉。喂粉是哺育幼虫所需要的，蜂王产卵的头两三天工蜂不吃粉，卵开始孵化了开始吃粉，幼虫越多需粉越多。可网购30元/千克的秋季杂花蜂花粉，前一天用煮沸的1：1糖浆（可加百菌杀消毒，再加少量盐和醋）把粉弄湿发润，边发润边搅拌均匀，如偏干硬再洒少量糖浆将湿度调到能捏成软团状，第二天把充分吸水软化后的花粉捏成条状直接放在框梁上，用薄膜覆盖减少水分蒸发。每群每次一般喂100克花粉，一般5~7天可吃完，当外界粉源充足，天气晴好后，停止喂粉。喂糖喂粉要及时，不受天气限制——大雪天照喂，不会引起蜂出门而冻死。有的蜂友担心低温喂饲不吃，这个不会的，只要蜂群转入繁殖状态，子区由冬眠恒温（29℃）升为繁殖恒温（34.7~35.1℃）后，框梁上饲喂都会吃的。

四、适时加础扩展蜂巢

当开繁时留下的那两块脾做满后（经过12天），就必须及时加础扩巢（若用空框扩巢强群必是大面积起雄），用巢础造脾造得快、造得整齐、没有雄蜂房。前一块巢础造好后等产了卵且部分卵已孵化成小幼虫时再插第二块巢础，如插下两天后还不见泌蜡，就该抽出停造，待蜂数等条件具备再造。插础的当天傍晚要补喂一次或连续补喂。值得注意的是有些劣质巢础(矿蜡重泛白色)蜂群难接受，接受了也做不出好脾来。

第三节 人工分蜂

土蜂因其生产的蜂蜜品质好，野外生存能力强，深受蜂蜜爱好者的追捧，但是土蜂也有它的缺点，分蜂！分蜂这个问题是养蜂人最头痛的问题。分蜂一般高发在春季。蜂王率领蜂群大部分成员迁移，在侦察蜂外出寻找合适的筑巢地点时，分蜂的蜂群在原来的蜂巢附近休息。分蜂主要表现在不管野外花源蜂蜜资源有多少就是不搞生产，造成了土蜂的蜂蜜产量上不去，导致市场价格昂贵，消费者接受有难度，再者许多蜂农不愿意养殖土蜂就是因为分蜂跑路。除此之外，土蜂分蜂最过分的是，少到只有两个巴掌大也能分，在苏南地区很多养蜂老前辈采用人工分蜂法，下面介绍几个防止土蜂分蜂的办法。

一、防止土蜂分蜂

1. 大箱防分蜂法

在旧时代苏南地区农村常常是土蜂跑进土坯墙的空洞里，如果细心观察发现旧时代土坯墙规格较大，蜂群往往在一户人家可以住许多年。以往农村是土葬的，老年人喜欢在有生之年在家里看到自己百年之后的棺材。棺材又叫做寿材，常见很多年老者家中都搁置一个棺材，时间长了土蜂也跑进棺材里做窝，棺材大，蜂群更大，也难得分蜂。箱体空间大小与蜂团大小成正比。大箱法是用意蜂箱的继箱上摆蜂群，连接的地方不用放隔王板，下面的巢箱空着，这样也可以养成大群，但比较浪费蜂箱。

2. 更换优质蜂王法

有时候分蜂分的厉害了，不如在源头解决，最佳的方式就是换掉总是分蜂的蜂王，也可以从别处蜂场调剂，也可以自己育王。在蜂群内找到封盖子脾较多的蜂脾，介入王台或直接将王台放到两用脾之间，不掉下就行。但要提前从有王蜂群中提出一张蜂脾不带蜂王放入一个空蜂箱内约两天即可获得王台。待蜂王出台后野外交配后回巢新王将比原有群老王更具优势，如在其他高产大群蜂场获得蜂王来养殖，蜂群表现更为优质。

3. 自然分蜂法

利用箱内比较强壮的蜂群，当蜂脾达到七框至八框时，拿一个空置的蜂箱，把蜂幼虫脾、蜂蜜脾均等分开在两箱内，离原有位置 50 厘米左右，过半天或一天（失王 3 个小时，蜜蜂就会找王，建议傍晚进行分蜂。第二天早晨就可以入新王了），因为分开的另一群没有蜂王，再给没有蜂王的群内诱入一只产卵蜂王。这样，外出工蜂返回蜂巢时就会分别飞入左右不同的两箱。如果飞入工蜂的一箱多，另一箱少，不均匀，则可适当调整蜂箱摆放的距离。这种分蜂方法的优点是原群和新分群都有各龄的蜜蜂，不破坏蜂群的正常活动，蜂群发展得比较快。其缺点是使一个强群突然成了两个弱群，它们需要经过一个多月的增殖才能投入生产。因此，在主要采蜜期的 40 天前，要利用产卵蜂王实行平均分蜂，而不能给新分群诱入王台。新蜂王出房后交配产卵要经过 10 天左右，如果对新分群诱入王台，就不能充分利用新分群的哺育力，影响蜂群发展。如果新蜂王在交配时丢失，损失就会更大。

4. 幽闭法

原箱不动，从里面提出一半带蜂的子脾和蜜脾，放于一新箱内，同时诱入 1 只产卵蜂王，在箱上盖上，铁纱副盖，关上巢门。然后搬到暗室内幽闭 3~4 日，再移到新位置，打开巢门。或是把分蜂群的巢门用草堵上，放在新位置。3~4 小时后蜜蜂将草咬开，就很少飞返原巢。一定要开气窗蒙纱，注意通风和蜂蜜是否充足。

5. 空箱接蜂法

这是一个比较容易操作的方法，直接用一个空蜂箱放在分蜂群箱旁、抽两框带有封盖子脾并应有成熟王台（或介入王台或蜂王）放好盖好盖子，老箱巢门口前放些树枝或木头石头之类标记物，出去采集后返回的蜂就往新箱去了。

6. 远移法

按第2种方法，把新分的蜂群立刻搬到5千米外的新地址，一周后，再移回场内，打开巢门。3小时后，撤去纱盖，换上副盖，盖好大盖，缩小巢门。

7. 1群分为3群法

如1群内有蜂9框、子8框、蜜2框，则可分为3群。先提出带蜂的子脾3框和蜜脾1框，放于5框箱内，诱入产卵蜂王1只，原群内剩下蜂3框、子2框和老蜂王，再加入蜜脾、空脾各1张，蜂箱放在原址不动。把2个分蜂群放在暗室内幽闭3~4日后移到新位置，放开巢门。可把2个分蜂群放在一个10框箱内，中间用严密的隔板把箱内空间分成2部分，各开一个小巢门，蜂箱前壁巢门上方涂上两种不同的颜色（如黄色、蓝色），以免蜜蜂走错巢门。同样需要在暗室内幽闭3日。

8. 1群分为4群法

如1群内有蜂9框、子8框、蜜2框，也可分为4群。使每一分蜂群都有带蜂子脾2框、蜜脾1框（用蜜脾补充），诱入产卵蜂王1只，原群内剩下子脾2框、蜂3框，再加入蜜脾、空脾各1张。

9. 2群分出1群法

如有2个10框蜂群，群势和上述相同，若只打算分出1群，可先预备1个带纱盖的蜂箱，从甲群内提出带蜂的子脾5框、蜜脾1框，由乙群内提出蜜脾1框加入分蜂群，诱入1只蜂王。再由乙群提到甲群封盖子脾2框。这样甲群内有蜂4框、子5框、蜜1框。乙群有蜂9框、子6框、蜜1框。分蜂群有蜂5框、子5框、蜜2框。

10. 3群分出1群法

如有3个10框群，群势和上述相同，如果打算由3群分出1群，可先预备1个带纱窗的蜂箱，打开纱窗。由甲群提出带蜂子脾5框，由乙群提出子脾2框、蜜1框，由丙群提出蜜脾1框，组成一个强壮分蜂群，诱入1只蜂王。幽闭处置法如前。再由丙群提出子脾2框，补助甲群。

11. 分场繁殖法

如要由总场内划出12群蜂作繁殖群，可每次都由这12群中提出带蜂子脾10框，每框都附有特选的封盖王台1个，放在1个10框运输箱中，再由这12群中提出带蜂子脾10框，放在另一个10框运输箱中，把这两箱运到5千米外的分场。在分场准备10个蜂箱。由两运输箱中各提1框带蜂子脾：1框附有王台，1框没有，放在一蜂箱内，成一小群，一共分成10小群。以后继续这样实行，结果分成81群，而且还采了540千克蜂蜜。这成绩的取得主要是有大量备用的空巢脾，使蜜蜂无造脾之劳，再则此地当年有丰盛的蜜源。

12. 仿天然分蜂法

蜂群发展强壮，其中造有王台时，可将原群移开1.0~1.5米，原位置放一新箱，由原群提来子脾1框，上面带蜜蜂、蜂王（注意不要有王台）和带蜂的蜜脾1框放入。同时在新箱内补加空脾3~4张，再由原群提出不带王台的蜜蜂3框，将蜂扫落于新箱门前，仍把巢脾送回原群内。放在新址的原群不需幽闭，有一部分采集蜂将飞到原址的新箱内。原群选留一个优良的封盖王台，其余的王台完全割除，并加以奖励饲养。

13. 快速繁殖法

蜂群快速繁殖，主要是采取了用王台繁殖法：在蜂场选出1/3的蜂群作为繁殖群，下余2/3作补助群，即每3群为一组，其中1群作繁殖群，并配以2群补助群。加强蜂群保温，补足巢内饲料，使蜂群迅速强壮。在蜂群发展到7框蜂、6框子时，开始用补助群来补强繁殖群。此项工作应在天气晴暖、采集蜂大部分到野外工作时进行。从2个补助群内各提1框带蜂的封盖子脾，仔细检查，不要把补助群的蜂王提出来。把它们放在一个备用蜂箱内2块隔板的中间，盖上棉布，放上草垫子，开一个让老蜂飞出去的小巢门。经过 1~2 小时，飞翔蜂已飞回本群，而在巢脾上只剩下了幼蜂。这时把这两框带有幼蜂的子脾放在繁殖群内的两侧隔离板以内。次日再把它们移到蜜脾以内，靠近子脾。这样用 2 张补助群带幼蜂的子脾补助 1 箱繁殖群不会伤害它的蜂王，也不必把蜂王囚在王笼内。过 5~8 日再一次补助繁殖群。从每一对补助群中各提出 1 框封盖子脾，但这次不要蜜蜂，立即加于繁殖群内子脾之间，补助群立即用空脾或空巢础补上。繁殖群经过 2 次补助，获得了 2 000~2 500只蜂和 4 框封盖子。这就累积了过剩的哺育蜂，因此可以较早地造王台。当王台内出现蜂王产的卵时，把蜂王用诱入器罩在没有王台的子脾上，放于一新箱内，从补助群提 1 框带蜂子脾、1 框不带蜂子脾放入，并给它 1~2 框含 2.0~2.5 千克蜂蜜的蜜脾作幼虫饲料，妥善保温，缩小巢门，把它搬到新地址，3 日后放出蜂王，每隔 3 日给分蜂群一些水，灌在巢脾的空巢房中，以后逐渐扩大蜂巢，补助饲料。繁殖群提出蜂王 6~7 日后，造的王台已经封盖，可搬来 2 个新箱放在它两侧，将带蜂子脾和蜜脾平均分配在 3 箱中，每箱内都补加蜜脾，每箱只留 1 个王台，其余王台全割除，然后把旧箱里的分蜂群搬到新址，飞翔蜂平均分配到新箱内。分蜂群的新蜂王开始产卵后，就补加巢础扩大蜂巢，逐渐培养强壮。补助群经 3 次提出子脾和蜜蜂后，要及时扩大蜂巢，增殖蜂儿，使其逐渐变强，准备采蜜。第一次分蜂后使蜂群增加 1 倍，由 3 群变成 2 个强群补助群和 4 箱弱群分蜂群。分蜂群强壮后，按上法把蜂王和 1 框子脾提出来，再由补助群提来 1 框带蜂子脾和 1 框不带蜂子脾，放于一箱，成立一新群。没有蜂王的蜂群，按均等繁殖法，把它平均分成 2 箱，使飞翔蜂亦平均分配到这两箱内。以后在 6 日以内，逐渐移开两箱，每日移开 25 厘米。第二次分蜂后的第 6 天，但是不得晚于王台成熟前的 2 日，再把每个半群平均分开。在这 4 个新分的蜂群中每群内留一优质王台，其余的完全割除。任何一个分蜂群丧失了蜂王时，最好把它和邻群合并。

14. 联合分蜂法

这种方法是让达到九框蜂以上的较壮蜂群各尽所能。蜂多提蜂、卵多提卵、蛹多提蛹、蜜多提蜜、粉多提粉，提出后，原群补上巢础或空脾。把提出的卵、蛹脾放在一个空蜂箱中间，蜜脾放两侧，于次日诱入一个产卵蜂王，这样就联合组成了一个新群。在提蜂时，要保证每张蛹脾能有3 000只以上的工蜂，否则组成新蜂群后，工蜂再飞回一部分，剩下的就护不过来蛹脾了。此种方法既组成了新分群，又控制了分蜂热，可谓一举双收。但是，当蜂场上有传染病时，不能用此法；原群在处女蜂王交尾期，不能提脾；蛹脾上存蜜少又无蜜脾，要在提脾前把原群喂足蜜，使提出的蛹脾上能有0.5~0.75千克的蜜。

二、怎样预防和控制分蜂

1. 要及时摇取蜂蜜

当花蜜在蜂箱内已经成熟封盖后，出现分蜂王台后就要进行摇蜜，不然蜜蜂就会觉得粮食富足把蜂蜜吃掉，然后集体飞失，有时候还要提早摇蜜，即使是蜂蜜浓度不高也要摇出来。浓度低的蜂蜜可以储存用于冬季及其他缺蜜时节饲喂给弱小的蜂群或者喂回给蜜蜂重新酿造成熟的封盖蜜。

2. 根据蜜蜂群势大小的发展及蜂王产卵情况及时加框条给予建造新的蜂脾

外界花源流蜜期间将蜂脾的条框间距加宽至一拇指间距，这样可以增加蜂蜜的储存量，同时还可以预防土蜂分蜂。

3. 大流蜜前或大流蜜期间

蜂群经过繁殖，当土蜂发展到7脾左右足蜂，有子脾五到六脾时，应及时换用大规格蜂箱或者加继箱。

4. 在夏天期间巢内拥挤闷热是促使分蜂的原因之一

夏天蜂群已经增长到一定的阶段，当外界气候稳定，蜂群的群势较强时就应及时进行扩巢、通风、遮阴、降温，以改善巢内环境。改善巢内环境的措施如下。

（1）蜂箱放置在阴凉通风干燥处。

（2）适时加蜂脾加巢础造脾，换用规格大的蜂箱。

（3）开大蜜蜂巢门，扩大蜂脾间距离以加强蜂箱内通风。

（4）及时喂水和在蜂箱周围喷水降温分出来的蜂群，夏季酷热的时候加冰在巢门口降温。

第四节　自创土蜂箱法的制作

蜂箱的种类繁多，岭南地区从化式土蜂箱、三峡桶土蜂箱、沅陵式土蜂箱、中一式土蜂箱、中笼式土蜂箱、中华蜜蜂十框蜂箱、FWF 型土蜂箱和 GN 式土蜂箱等。这些箱型的参数繁多，选择朗氏十框箱（意标箱）养殖土蜂，因为意标箱许多东西材料非常好购买。

因土蜂喜欢结团的原因，开始用木桶、树桶蜂箱养殖土蜂。木桶和树桶最大的优势就是表现在春季繁殖，但缺点非常之多，查看蜂王台不够全面，检查蜂群幼子极为不便，因为四壁连在一起。这种桶状蜂箱坚固耐用，不怕巢虫蛀。缺点是采蜜期箱内很湿，冬天不如朗氏十框箱（意蜂箱）的排湿性能好。我国除西南个别省份对意蜂箱较为满意外，普遍认同群势小于旧法饲养的土蜂群势说法，各种说辞表现在“群势严重下降，产量特别低下”。在句容后白镇丘陵地区用意蜂箱定地饲养土蜂，最大群势能维持 8 框左右，其弊端在于蜂箱采蜜季节里非常笨重；用意蜂箱养殖土蜂，蜂群经过越冬后，春繁速度慢，一时难以养成强群，而一旦成为强群，又自然分蜂严重，难于较长时间维持强群。其实解决这个问题不难，解决办法就是一年之中更换 1~3 次蜂王，让它自然分蜂；再者就是冬季越冬的时候，上年的 12 月下旬温度低于 5℃时，对箱内填充稻草等保温物。

这种意蜂箱养殖土蜂实行双群同箱饲养（错开巢门方向）时增加了饲养管理的乐趣。

笔者经过反复的试验，最终找到了简便改造意蜂箱解决分蜂热最佳的方案。改造意蜂箱制作流程如下。

一是蜂箱底板开口制作。开口的方式亦很简单：购买的意蜂箱最好煮蜡后新箱，切勿直接使用旧箱，应将旧箱用烘火枪灭杀箱内巢虫幼虫，一切就绪用切割机在意蜂箱居中的底板切开约 15 厘米×15 厘米方形的洞口。

二是安装铁丝网。用粗钢丝网 0.5 厘米目数，主要防止胡蜂进入箱体咬食土蜂。使蜂箱底面铁丝网均处于箱板的中间位置。再用两条杉木条围成一个矩形套在铁丝网的处侧，再用铁钉固定，增强钢丝网的支撑力防止滑落。

三是开口意蜂箱的优点。易清理，一般土蜂越冬后喜欢咬旧脾，外界气温较低，打扫极不方便，容易在箱底滋生巢虫。气温低要人工清理，这种开口蜂箱很方便打扫，蜂箱内常年方便清洁。

四是一套意蜂箱总重一般在 5 千克以内，搬移方便；保温、保湿。由于箱体由杉木组成，杉木透气排水，隔热性能好，同时杉木的吸收作用特强，吸收箱中潮湿的水汽，当箱中的湿度降低时，又可以补充一部分水分，故对维持箱中的湿度有较强的调节作用。白蚁不易蛀食，比其他蜂箱耐用。而正是这种蜂箱的使用，结束了传统养蜂采用土窝、毁巢取蜜的生产方式。奠定了新式养土蜂的基础，初学养蜂者可以向养蜂户购买别人使用过的蜂箱，也可以根据规格自己制作蜂箱。总之，值得定地养土蜂的蜂友借鉴。

第五节　土蜂蜂群合并

蜂群的合并就是把 2 个或 2 个以上的蜂群合并为 1 群的养蜂操作技术。蜂群合并是养蜂生产中常用的管理措施。早春合并弱群，可加强巢内保温和哺育幼虫的能力，加快蜜蜂群势增长的速度；晚秋合并弱群，可保障蜂群安全越冬；主要流蜜期前合并弱群，组织强盛的生产群，以获蜂蜜高产；王浆生产可合并弱群，组织产浆群；在流蜜期后合并弱群，有助于预防盗蜂发生。在蜜蜂饲养管理中。蜂群丢失蜂王而又无法补充储备蜂王或成熟王台时，也需要将无王群并入其他有王群。

在土蜂的养殖过程中，由于技艺不精，难免出现弱小蜂群，丢失蜂王群，为了蜂群的健康发展，一般采取并群的方法。并群好处多多，操作流程如下。

1. 白天把接受群蜂王用蜂王笼关好

把蜂王笼提在框梁上，失王群如已出现工蜂产卵，先把工蜂卵脾换出。在傍晚蜂已回巢后，把巢框移至箱中间，不要隔板，蜂路稍宽。天黑后，拿掉箱盖、副盖、复布让蜂露宿，接受群要留好位置，也同样露宿。半小时至 1 小时后，把失王群连框带蜂提入准备好的接受群。提框时两手指头都插入框耳，数框一次提出，这要一点稳劲。放入后不要动，如果失王群箱没巢脾，但还有很多蜂，即把箱拿起，扣在接受群上，蜂会自动进入接受群，1 小时后，或天亮前，把接受群整理好，放出王，盖上箱盖。失王群蜂箱拿走，放入仓库。第二天，失王群的蜂有些会飞来原址，但原址没箱，又会飞回。

2. 弱群的并入，只是把弱群的王白天先提走，其余操作同样

3. 最好二群相邻不超过 2 米

4. 蜂群安全合并的障碍

蜂群安全合并的障碍主要是蜜蜂的群味和警觉性。蜜蜂的群味成分很复杂，其中包括蜂体气味、蜜粉气味、蜂箱气味、巢脾气味等。在主要蜜源花期，各蜂群的群味由同一种主要蜜源的气味占据了主导地位，此时各蜂群的群味差异不明显。在大流蜜期，所有蜂群都积极投入紧张的采集活动中、既不会出现盗蜂、也无须加强蜂巢的守卫，此时蜂群的警觉性弱。夜间蜂群不出巢活动，因此也不会出现盗蜂，这时蜂群警觉性也不强。蜂群的独特气味，只有在外界蜜粉源缺乏或有多种蜜粉源供蜜蜂采集的情况下才能突显。此时，各蜂群的警觉性也就是

在这样的环境条件下才大大增强。通过群味分辨异群蜜蜂个体，是蜂群对种内竞争的适应。蜂群的安全合并就是采取措施消除蜂群安全合并的障碍，混同群味，削弱警觉性。

5. 蜂群合并原则

（1）弱群并入强群。

（2）无王群并入有王群。

（3）较大蜂群应拆散并入它群。

（4）病群不得并入健康群。

（5）蜂群合并时间的选择。

蜂群合并时间的选择应重点考虑避免盗蜂和胡蜂的骚扰，在蜂群警觉性较低时进行。蜂群合并宜选择在蜜蜂停止巢外活动的傍晚或夜间，此时的蜜蜂已经全部归巢，蜂群的警觉性很低。

6. 蜂群合并的方法

（1）直接合并。直接合并蜂群的方法适用外界蜜源泌蜜较丰富的季节。

合并时，打开蜂箱，把有王群的巢脾调整到蜂箱的一侧，再将无王群的巢脾带蜂放到有王群蜂箱内的另一侧。视蜂群的警觉性调整两群蜜蜂的巢脾间隔的距离，多为间隔 1~3 个巢脾，也可用隔板暂时隔开两群蜜蜂的巢脾。次日，两群蜜蜂约群味完全混同后，就可将两侧的巢脾靠拢。为了合并的安全，直接合并蜂群时可同时采取混同群味的措施，混淆群味界限。直接合并所采取的措施有：向合并的蜂群喷洒稀薄的蜜水；合并前在箱底和框梁滴 2~3 滴香水，或滴数十滴白酒；向参与合并的蜂群喷烟；在合并之前 1~2 小时，将切碎的葱末分别放入需要合并的蜂群的蜂路中；将要合并的蜂群都放入同一箱后，中间用装满糖液或灌蜜的巢脾隔开。

（2）间接合并。间接合并的方法适用于非流蜜期，以及失王过久、巢内老蜂多而子脾少的蜂群。间接合并主要有铁纱合并法和报纸合并法。

①铁纱间隔合并法。晚上，在有王群的巢箱上放1块铁纱副盖后叠加1个空继箱，然后将需要合并的无王群蜜蜂连脾带蜂提入继箱，盖上副盖合箱盖。经1个晚上，两个蜂群的群味通过铁纱互通混合，消除敌意，于次日早上将继箱中的蜜蜂提到底箱，撤除铁纱副盖和继箱即成。

②报纸间隔合并法。方法同铁纱间隔合并法相仿，但将用钻有许多小孔的报纸取代铁纱副盖。将巢箱和继箱中的两个需合并的蜂群，用有小孔的报纸隔开，待上下箱体中的蜜蜂将报纸咬开时，两群蜜蜂的群味也就混同了。

7. 土蜂蜂群合并应注意事项

(1) 若两个相距较远的蜂群合并，则应在合并之前，采用渐移法使箱位靠近。

(2) 如果合并的两个蜂群均有蜂王存在，保留其中品质较好的蜂王，在合并前1~2天去除另1只蜂王。

(3) 在蜂群合并的前半天，还应彻底检查、毁弃无王群中的改造王台。

(4) 在缺蜜季节合并的蜂群都要有饲料。

(5) 土蜂合并常常会发生围王现象，为了保证蜂群合并时蜂王的安全，应先将留用蜂王暂时关入蜂王诱入器内保护起来，待蜂群合并成功后再释放。

(6) 合并蜂群时要防止盗蜂。

第六节　人工育王与换王技术

一、蜜蜂的人工育王

蜜蜂的人工育王包括8个要素：时间和条件、准备工作、移虫育王的工具、移虫方法、移虫后的管理、利用大卵培育蜂王、裁脾育王、交替王台的利用。

蜂王的遗传性及产卵力对于蜂群的品质、群势、生活力和生产力有很大的影响。人工育王能够按计划要求的数量和时期培育蜂王，可以选用种群的一定日龄的幼虫或者卵来培育，能与良种繁育工作相结合，可为蜂王的胚胎发育创造最适宜的条件。

1. 时间和条件

蜂群在当年培育的新蜂完全更换了越过冬的老蜂，进入发展壮大时期以后，就可以准备进行人工育王。北方，以在初夏白天气温稳定在20℃以上有蜜源时，特别是在有丰富粉源时进行。这样既可以保证蜂王的质量，又可利用新蜂王及早更换衰老的蜂王，有当年蜂王的蜂群不会发生自然分蜂。利用早期培育的新蜂王实行人工分蜂，经过1个半月的增殖，就可以发展成强群，采集中、晚期蜜源。初秋，在最后一个主要蜜源初期培育蜂王，新王群可以培育大量越冬蜂，对于蜂群安全越冬以及翌年蜂群的发展都有利。长江中下游一带，以在紫云英花期育王为好。培育优质蜂王的条件如下。

（1）天气温暖气候稳定。处女王交尾期间，白昼气温应在20℃以上，力求避开连阴雨天气。

（2）有蜜粉源。育王期间自然界应有良好的蜜粉源，充足的粉源更重要。每日傍晚对于种蜂群和育王群进行不间断的奖励饲喂。

2. 准备工作

在进行人工育王以前，需要认真做好下列准备工作。

（1）选择父母群。通过考察，选择蜂蜜或蜂王浆产量超过全场平均产量以上、分蜂性弱、群势发展快的健壮无病的蜂群作父母群。以父群培育雄蜂，用母群的幼虫培养蜂王。在人工培育蜂王时，1个母群可以提供成千上万条雌性幼虫；同样1个父群也可以哺育出数千只雄蜂。如果每年都使用一两群种群培育处女王和雄蜂，全场蜂群就会形成近亲繁殖，使生产力和生活力下降。因此，要选择和使用多个蜂群作父群和母群，定期从种蜂场引进同一品种不同血统的蜂王（或者蜂群）。

(2) 培育种用雄蜂。雄蜂的数量和质量直接关系处女王的交尾成功率，还关系受精效果，进而影响子代蜂群的品质。因此，必须在着手人工育王的20日前开始培育雄蜂。为培育种用雄蜂，需事先准备好雄蜂脾，也可将巢脾下部切除一部分，插在强群中修造成雄蜂脾。为保证交尾质量，按1只处女王比50只雄蜂的比例培育雄蜂。蜂王的发育从卵到羽化成虫约需16天，达到性成熟需5日左右，共计21天。而雄蜂从卵到羽化成虫为24日，出房到性成熟约需12日，共计36日。因此，必须在人工育王前20日左右开始培养雄蜂，才能使雄蜂和处女王的性成熟期相适应。通常可在种用雄蜂开始大量出房时，着手移虫育王，同时将场内其他蜂群的雄蜂和雄蜂蛹全部消灭。

(3) 准备育王群。育王群是用来哺育蜂王幼虫和蛹的强壮蜂群。应选择无病、无蜂螨，群势强壮，至少有15框蜂以上的蜂群作育王群。在移虫育王前1日把其蜂王和全部带蜂未封盖子脾提入新蜂箱，放在原群旁；原群有6~8个脾（包括封盖子脾和蜜脾、粉脾）组成无王的育王群，做到蜜蜂密集，多的巢脾抖落蜜蜂，加到分出的有王群。对育王群每晚饲喂0.5~1千克糖浆。也可以用有18~20框蜂加继箱的有老蜂王的蜂群作育王群，在巢箱和继箱之间加上隔王板，把蜂王限制在巢箱内产卵，继箱中央放1框小幼虫脾，一侧放一花粉脾，其余放封盖子脾，外侧放蜜脾。有王群没有无王群对移植幼虫的接受率高，但是对于封盖王台照护得较好。

3. 移虫育王的工具

移虫育王的工具有移虫针、育王框、蜡碗等。移虫针是将小幼虫移植到王台碗内的工具，可用粗铜丝或者鹅毛管自制，一头呈扁薄的尖舌状，另一头呈弯匙状。带弹簧的移虫针使用方便。育王框是安放王台的框子。可用标准巢框改制，其上下框梁和侧板的宽度相等，为13毫米左右。框内等距离地横着安装3条宽10毫米的板条。蜡碗棒是蘸制蜡碗的木棒，长100毫米，蘸蜡碗的一端十分圆滑，距端部10毫米处直径8~9毫米。

蜡碗是培育蜂王的王台基，用蜡碗棒蘸熔化的蜂蜡制成。把蜡碗棒放入冷水泡一段时间，取出甩去水，垂直插入熔蜡中约10毫米深处，取出稍停，如此反复蘸2～3次，一次比一次蘸得浅一些，然后将它放入冷水冷却后取下。制成的蜡碗口薄底厚，里面光滑无气泡，也可以使用塑料王台。此外还要准备毛巾、面盆、蜂王浆等。蜂王浆可临时从自然王台取得，也可预先收集保存在冰箱内，使用时加1倍温水把蜂王浆调稀。

4. 移虫方法

移虫育王可以有计划地培育出需要数量的、成熟期一致的处女王。首先在育王框的板条上粘上2～3层巢础条或者按相等距离用熔蜡粘上小三角形薄铁片，其上粘7～10个蜡碗，3条共20～30个蜡碗。放入育王群中，让蜜蜂清理2～3小时，取出，用蜂扫扫去蜜蜂，在每个蜡碗内滴上1滴稀释的蜂王浆或者蜂蜜，即可进行移虫。最好在清洁、明亮的室内移虫，室内温度保持在25～30℃，相对湿度80%～90%。如果湿度不够，可在地面洒水。气温在25℃以上没有盗蜂时，可在室外的阴处移虫。从母群提出1框小幼虫脾，扫净蜜蜂拿去移虫。先把粘有蜡碗的板条并排放在桌上，用清洁的圆头细玻璃棒或者细竹棒，在经过蜜蜂清理的蜡碗里滴上米粒大小的稀蜂王浆，然后移虫。移虫要从幼虫的背部（凸面）一侧下针，把针尖插入幼虫和房底之间，将幼虫挑起，放在蜡碗里的蜂王浆上。幼虫十分娇嫩，移虫的动作要轻稳、迅速，1条幼虫只允许用移虫针挑1次。移完虫的板条用湿毛巾盖上，再移第二条。把移完虫的板条装到育王框上，加在育王群内幼虫脾和花粉脾之间。

5. 移虫后的管理

育王群中加入移虫的育王框后，连续在傍晚奖励饲喂。第二天检查幼虫是否被接受。已被接受的幼虫，其王台加高，王台中的蜂王浆增多，幼虫浮在蜂王浆上；未被接受的，其王台被咬坏，王台中没有幼虫。如果用无王群育王，这时把育王框转移到有王育王群的继箱中，同时把无王育王群与原群合并。

如用有王育王群育王，第 6 天王台已经封盖时检查封盖王台情况，淘汰小的、歪斜的王台。统计可用王台的数量，以便组织需要数量的交尾群。

6. 利用大卵培育蜂王

实验证明，处女王初生体重超过 200 毫克的大蜂王，其一对卵巢的卵巢管数量多，具有较强的产卵能力。并且证明，采用较大的蜂卵，可以培育出体重大的蜂王。把选出的母群的蜂王关在蜂王产卵控制器内，或者把母群饲养在 3~5 框的小群内，限制其产卵，1 星期后就能得到较大的蜂卵。等大蜂卵孵化成幼虫时，用其 24 小时以内的幼虫人工培育蜂王。中国农业科学院蜜蜂研究所研制的蜂王产卵控制器，是用塑料制造的，内围尺寸：长 457 毫米、宽 54 毫米、高 244 毫米，刚好能放入一个标准巢脾。使用方法：在移虫育王前 12 日，于蜂王产卵控制器内放入一个几乎没有空巢房的封盖不久的蛹脾，并将蜂王放在该脾上，盖上控制器的盖板，将其放在蜂群内巢箱的中部。蜂王在器内产卵受到限制，到新蜂陆续出房以后，蜂王才逐渐产卵。在育王前 4 日，提出控制器内的子脾，放在蜂群内由蜜蜂抚育，次日就可得到由大卵孵化成的 1 日龄的幼虫。在生产蜂王浆时，将蜂王控制在一个巢脾上产卵可获得适宜日龄的、供移虫用的幼虫。蜂王产卵控制器还可用于生产雄蜂蛹。

7. 裁脾育王

如果视力不佳，移虫有困难，可以采用切割未封盖子脾的方法培育蜂王。当蜂群发展强壮时，从母群提出 2~3 框带蜂封盖子脾连同蜂王放入一新蜂箱，补加 1~2 框蜜脾，放在原群一旁。母群成为一无王的育王群，从中提出 1 框有大量卵和初孵化幼虫的子脾，从巢脾中央部位切下 1 块 200 毫米×35 毫米的长方形巢脾，使切口上缘巢房中的卵和幼虫露出来，让蜜蜂在上边切口处筑造王台。第三天检查，选留 10~20 个幼虫发育良好、地位适宜的王台。把修造和饲喂情况不好的王台、提早封盖的急造王台以及多余的王台全部割除。记录留下的王台里幼虫的日龄，以便掌握蜂王出房的日期。无王育王群在取出封盖王台后，与原群合并。

8. 交替王台的利用

选择具有老蜂王的优良蜂群作种群。在它们修造交替王台时，加以选留。自然交替蜂王可使种群的优良性状更加稳定地遗传下去。发生这种自然交替现象时，蜂群一般只造几个王台，育成的蜂王质量比较好。把带有交替王台的巢脾提出，放入继箱群的继箱内，巢箱和继箱间加隔王板，把蜂王限制在巢箱内。可以陆续从这种老王群提出自然交替王台。

二、土蜂换王

1. 换王时期

（1）常规换王。1 年换 1 次王：春季 3—4 月；1 年换 2 次王：春季 3—4 月 1 次，秋季 10—11 月 1 次。

（2）结合蜂群断子治病换王。土蜂囊状幼虫病高峰期，用王台换王，使得蜂群有 20 天的断子期，阻断寄主，有利治病。

（3）结合采蜜期新王采蜜换王。在流蜜期前 15 天，将原群蜂王除去或囚禁，诱入王台换王。采蜜期到来时，新王刚好产下一些子，从而激励蜂群采蜜，可获得较高产蜜量。

2. 换王方法

（1）利用蜂王换王。在给蜂群更换老劣蜂王，或给新分群和失王群补充蜂王时，都必须诱入蜂王。诱入蜂王时的气候、蜜源、群势以及蜂王的行为和生理状态等的因素，对诱入蜂王的成功与否有密切关系。一般来说，蜂群若失王不久，尚未改造王台，或工蜂没有出现产卵之前，诱入蜂王较容易成功；外界蜜源丰富或没有发生盗蜂的情况下，诱入蜂王容易成功；给弱群或在夜间诱入蜂王容易成功；蜂王安静稳重或操作轻稳，诱入蜂王容易成功；外界气温较低或巢内饲料充足时，诱入蜂王容易成功。

在诱入蜂王之前，应对蜂群进行详细检查，将王台全部毁掉，需要更换的老劣蜂王应在前 1 天提走。诱入蜂王时，根据具体情况采用不同的方法。

①直接诱入法。

方法一：大流蜜期间，于傍晚先向无王群喷些蜜水或糖水，然后手沾蜂蜜，轻轻捉住蜂王胸部或翅膀，将蜂王直接放在框梁上，让蜂王自行爬入蜂团。

方法二：在黄昏或夜间，将无王群的蜜蜂逐脾抖入蜂箱，并喷较多的蜜水，趁工蜂混乱时将蜂王从巢门口放入，随工蜂爬入蜂箱。

方法三：于傍晚将蜂王连同 1 个带蜂子脾，直接放在无王群的隔板外 50~100 毫米的处，并喷些糖水。次日将提到隔板内合为 1 群。

②间接诱入法。用铁纱扣王笼将蜂王扣在无王群的蜜脾上。1~2 天后检查接受情况，若发现纱笼外面工蜂不多，且通过纱笼饲喂蜂王，表明蜂群已接受蜂王，此时可以轻轻打开纱笼放出蜂王。

(2) 利用王台换王。

①利用自然王台换王，当蜂群出现分蜂王台时，注意选留 1 个较大王台，其余王台毁除，并将原群蜂王剪翅，防止自然分蜂。

②利用土蜂母女交替的习性换王，人为剪去蜂王的翅或上颚、中足的跗节，使蜂王致残，然后诱入 1 个成熟王台换王。

3. 土蜂围王及其处理

土蜂容易失王，也容易围王，工蜂产卵给蜂群管理上造成诸多麻烦。此种现象多发生在春夏之间（3—7 月），这是土蜂个性暴躁、敏感的一种正常反应。当蜂群偶然受到内在与外来刺激之后，蜂王惊恐不安，部分工蜂就将蜂王层层围困，形成一个蛋黄似的小蜂团，使蜂王窒息死亡或残废，如不及时挽救就将成为无王群，工蜂很快衰老，群势下降和发生工蜂产卵，给生产带来极大危害。

（1）工蜂围王原因。

①外界蜜源突然中断。

②处女王交尾回巢惊恐不安或误入巢门。

③原有蜂王衰老或残废。

④流蜜期前雨水太多。

⑤盗蜂入侵，被盗群失去自卫能力。

⑥冲巢的蜜蜂（天然合并）发生咬杀现象。

⑦严重的敌害侵入或度夏期开箱检查太多。

⑧集体飞逃的蜂群。

⑨转地期间，蜂群受到剧烈震动，通风不良。

⑩介绍新王粗枝大叶，处理上不够完善。

（2）处理方法。一般来说，凡是围王或失王时间越长，处理就越困难，可导致围王群连续诱入数只蜂王或王台均不易接受。因此，在处理方法上越快越好。

①先将蜂团丢入水中，解救蜂王，然后将蜂王用小盒罩在有蜜汁的纸片上，让它安静地吸食蜜汁，以解除疲劳。

②将围王群的空脾抽出，缩小蜂路。

③当夜导入新王或王台（须将新王全身抹上蜂蜜）。

④将无王群迅速合并（夜间进行），并行奖饲。

⑤未受伤的蜂王仍可利用，即导入原群，以度过失王难关。

土蜂在失王之后往往出现工蜂产卵，严重为害蜂群的生存，处理方法也是越早越好。具体做法是在夜间将工蜂产卵群搬离原处，关闭巢门，然后在原位组成一个小群［含2张子脾，1张蜜（糖）粉脾］；2~3天后，将工蜂产卵群的巢门打开，让其中一部分幼蜂回来，并逐日将工蜂产卵群中的工蜂产卵脾与蜜粉脾全部抽光，迫使工蜂绝食结团，造成一种分化瓦解的氛围，最后剩下来的全部是顽固的产卵工蜂，这时可关闭巢门饿死它们。

第七节　不用移虫的育王方法

一、育王时间

有蜜源的时候。

注意天气预报，尽量选择好天气。

二、育王步骤

第一步　选蜂场里健康且尽量大群的把其他脾抽到别处，剩两脾封盖子脾（是否提王、隔王可随意）。

第二步　选蜂场里健康脾，把新脾下方还没化虫的虫卵一条一条地割下（注意一定要新脾）宽度与育王条的宽度一致。

第三步　把育王条烤热后将卵脾条粘贴在育王条上，一面卵朝上，一面卵朝下，数量取决于育王的数量，如此类推。

第四步　育王框零蜂路放进育王群两框子脾的中间。

第五步　一个星期以后把两子脾里的急造台去掉并开始喂糖。

第六步　再一个星期介台全场换王，换王的时候有的新王会正好咬台出来。

优点：全部是卵改台，不用搞育王杯，不用移虫。

三、注意事项

如果用旧脾工蜂不喜欢改造成王台，台数会比较少，所以必须用新脾，新脾比较薄，改造起来或做起来比较轻松，新脾里面病原体也比较少或者说根本就没有。

要用很强的群育王，而且要把其他脾都抽出，这样超强的哺育力才会改造很多王台。如果群势弱了，造的台数会比较少。

四、急造台常出现在脾中间位置

失王急造台有的会出现在脾的中间，那是蜂不得已而做出的事情，因为失王时可能在脾的下方可用来改造的卵或幼虫数量有限所致，如果脾下方可用来改造的卵或幼虫数量够多，就不会发生这种情况了。

如果这样造出的王台，显得太挤影响分割的话，在数量够用的前提下，两个的可选其中一个就可以了，也可轻轻地将它分开，让两个都成熟。时间比较好把握，两个星期后王台成熟，新王正好可以出台，王台又不硬，不会造成损伤。

第三章　土蜂管理

第一节　取蜜步骤

一、割　蜜

当“蜂巢过框条、蜂过隔板”即可摇取蜂蜜。巢过梁，是指巢脾超过蜜蜂脾上端框条有很多蜂蜡出现。蜂过隔板是指包裹蜂巢的蜂群接近隔板外部。这时蜜、巢、蜂与蜂箱达到最佳群势，取蜜不会出现盗蜂的情况，因取蜜而破损的巢脾修复快。

二、取　蜜

3月油菜花中期至立冬前为止，这中间都可取蜜。苏南地区还有冬季枇杷花期可以取蜜。油菜花中期，意蜂箱养殖的土蜂繁殖旺盛，虫卵子脾连片，花粉大量涌进，蜂蜜反而不多，虽能产蜜，但产量不高，此时正值分蜂期，从最后一次分蜂开始计算，20天前后取蜜，产量最高。

三、箱内储存蜂蜜量的判断

“轻拍问箱”，如何不开箱判断内部蜂蜜储存量情况。在蜂箱外用手从上到下轻轻拍打，声音沉闷是即蜜层，轻响是蜂幼虫卵层，空响则无。声音判断靠经验积累，时间长了就能掌握。“提箱试重”把箱用手轻轻抱一下，特别沉重，就是蜂蜜收获时候。

四、割蜜工具

干稻草若干、割蜜刀、摇蜜机、瓷盆。

五、如何割蜜?

用刀把在箱外轻轻敲击，让其骚动。提前发个信号，会降低土蜂凶狠度。用稻草烟对箱内吹几口，蜂群会扎进巢内大量吸蜜。蜜蜂遇到危险后，吸蜜飞逃，是遗传基因决定的。稍等一会儿，这时吸饱蜜的蜂就温顺多了。揭开上盖，满满的蜂蜜就呈现在你面前。烟驱蜂，瓷盆在旁接好割下的蜂蜜边皮，小心取出整张蜂蜜脾。边摇边看，用力不可过猛，以免伤到蜂幼虫。取完蜜后，蜂箱复原，箱外的蜜蜂自会爬进箱内。蜜蜂修复巢脾一夜，结束后用水冲、土盖处理掉在地面的蜂蜜。

六、过滤蜂蜜去滤渣处理

用150目不锈钢筛网过滤蜂蜜，滤后的蜜渣，残蜜较多，化蜡可惜。把它装入盘中，入夜放进蜂箱内，蜜蜂会清理得干干净净，而后集中化蜡。

七、化　蜡

蜡渣装进纱布袋扎口，放到大锅中煮开，边煮边挤。10分钟后，袋子提走。把蜡水快速舀到口大底小的桶中，凉后取出上部蜡块，吹干后待用。

第二节　土蜂的流蜜期管理

蜂蜜是蜜蜂吸食的花朵饱和植物糖液，回巢后呕吐出来给内勤蜂，再由内勤蜂混入自身分泌各种对人体所需的生物酶类；就像燕窝一样是燕子的呕吐物，简单地说，蜂蜜也即是蜜蜂的口水混合物，富含酶类物质。正常蜂群蜂蜜是多种不同工种日龄的蜂配合造出来的，至少是由采集和酿造两个不同角色的工蜂配合完成。

土蜂的吻比意大利蜂短，它所采集的主要蜜源植物，除对个别长花管的蜜源利用较差外，基本与意大利蜜蜂相同。同时，由于土蜂的个体耐寒性较强，在10℃条件下仍能外出采集，而且善于发现和利用分散的零星蜜源，因此，在低温下开花的早春、晚秋蜜源植物，以及南方的冬季蜜源植物，如鹅掌柴、柃、枇杷、茶、早油菜等，土蜂却能比意蜂利用得更好、更充分，并能获得高产。这也是土蜂利用蜜源的重要特性。在流蜜期，土蜂群势较弱，一般都在10框以下，较难使用继箱取蜜。土蜂容易在流蜜期前和流蜜期中产生分蜂热，特别是春季流蜜期，分蜂热更为严重。土蜂育虫区与贮蜜区不易分开。在蜜源后期，又容易发生盗蜂和逃群。由于上述原因，土蜂在流蜜期的管理上，应着重抓好维持强群、控制分蜂热，以及解决育虫与贮蜜的矛盾等问题，且在蜜源后期，还应防范盗蜂及迁飞。

采蜜群的组织研究显示，土蜂采用强群取蜜具有优越性。但是，由于土蜂具有强烈的分蜂性，而强群更容易引起分蜂热，若得不到及时消除，采蜜量就会显著下降。所以，在组织强群采蜜时，必须及时控制和消除分蜂热。其采蜜群势，以不产生分蜂热为限度。由于各地蜂群所能维持的群势不同，因此，采蜜的群势也不一样，常变动在5~15框。

一、土蜂采蜜群组织的方法

1. 双王同箱饲养的蜂群采蜜群组织法

（1）用12框以上的横卧箱饲养的双王群在初花期应改组成单王采蜜强群，把1个子脾、1个空脾、1个巢础框、1只蜂王，连同1~2足框工蜂隔在蜂箱一侧，作为繁殖群，而将其余的蜜蜂和巢脾合成9框以上的采蜜群。

（2）用朗氏十框箱饲养的双王群在初花期应改组成单王采蜜强群，将1个蜂王连脾带蜂提出，外加1个空脾或巢础框，另置1个蜂箱中作为繁殖群，原群作为采蜜群。

（3）用土蜂十框箱饲养的双王群在初花期，将闸板移到箱内一侧，隔出1个2框区，把1个蜂王连脾带蜂提出，外加1个空脾或巢础框放入该区作为繁殖群，另一群群势得到加强可作为采蜜群。

（4）用FWF型土蜂箱饲养的双王群流蜜期，用继箱取蜜，或同时也可采用2块框式隔王板将2群的蜂王分别限制在底箱侧向1~2框范围内产卵，底箱内中央也供贮蜜，或用囚王笼将1只蜂王扣起来，用1块框式隔王板将另1只蜂王限制在底箱一侧1~2框范围内产卵繁殖，底箱内其他部分供贮蜜。

2. 单群饲养的蜂群采蜜群组织法

（1）采取补充老熟蛹脾或幼蜂的办法增大群势形成较强的采蜜群。方法是在流蜜期前10~15天，从其他蜂群抽调老熟蛹脾或幼蜂补充。

（2）采取合并飞翔蜂的办法组成强大的采蜜群，方法是在大流蜜开始后，将相邻2箱蜜蜂中的1箱搬离数米另置，让该群的飞翔蜂投入原先相邻的另1群蜂中，使该群蜂采集蜂大量增加，形成强大得采蜜群。采取这种方法组成采蜜群，必须在打流蜜开始后进行，否则容易引起围王。

二、控制和消除分蜂热

控制和消除分蜂热，是主要流蜜期管理上的重要技术环节。为此，可根据具体情况灵活采取以下措施。

1. 提早取蜜

在流蜜初期，提早采收封盖蜜，能够促进工蜂采蜜的积极性，使蜂群维持正常的工作状态。

2. 适当增加工蜂的工作量

当遇到连续的阴雨天，采集活动受到影响时，大量的工作蜂怠工在群内，极易产生分蜂热。在这种情况下，可采取奖饲，加础造脾，或把繁殖群中的卵虫脾和采蜜群中的封盖子脾对调等，人为增加工蜂的工作量，也能控制分蜂热的产生。

3. 用处女王替换老王

用处女王替换采蜜群中的老王，或者用新产卵王替换老王，都能控制或消除采蜜群的分蜂热。

4. 互换飞翔蜂

在流蜜期，当采蜜群产生分蜂热时，可与群势弱的繁殖群互换蜂箱位置，使两群的飞翔蜂互相交换。这样采蜜群的群势被削弱，分蜂热便消除了。双王同箱饲养的蜂群，可把采蜜群的蜂王，连同少数带蜂卵虫脾，隔到箱的另一侧作为繁殖群；而将原来的繁殖群，变作采蜜群，也可控制分蜂。

5. 模拟分蜂法

对具有异常顽固分蜂热的蜂群，用一般的方法无法控制时，可用模拟自然分蜂的办法，消除分蜂热。具体做法如下：把群内的王台全部破坏，巢门前放 1 块平板，板的四周铺几张报纸，然后把蜜蜂逐脾抽出，抖落在平板上，让工蜂自由飞翔。蜂群由于未进行分蜂的准备，因此抖蜂时不会飞逃。这种做法相当 1 次自然分蜂的刺激。经几次抖落，再结合调整群内的巢脾，就能消除分蜂热，恢复正常的采蜜活动。

三、解决育虫与贮蜜的矛盾

土蜂群内育虫与贮蜜都在 1 个巢脾上，互相影响、互相限制，为了解决这种矛盾，可采取以下措施。

1. 采用处女王取蜜

把采蜜群小的蜂王提出，换入处女王或成熟王台，造成一段停卵期，以便集中采蜜。

2. 添加意蜂老白脾

把意蜂老白脾与群内子脾相隔布置，供蜜蜂贮蜜。已贮蜜的意蜂脾应移到两侧，待封盖之后再取出。

3. 采用浅继箱取蜜

在长江流域和黄河流域地区，土蜂采蜜群的群势可达 10 框以上。对于这类强群，可采用浅继箱取蜜，有利于解决育虫与贮蜜的矛盾。浅继箱的高度，是巢箱的1/2。每个标准巢框，上下可安2个浅继箱巢础框，叠放在巢箱内让蜜蜂造脾，待流蜜期到来时便取出放到浅继箱中。在浅继箱与巢箱之间，可以不必放隔王板。浅继箱的下框梁与巢箱的上框梁之间的距离，不能超过7毫米。因为只有在这个距离内，土蜂工蜂才能上到浅继箱贮蜜。浅继箱取蜜，可以减少摇蜜次数，以便于取成熟蜜及巢蜜。

四、流蜜后期的管理

在流蜜后期，摇蜜时，必须给蜂群留下足够的饲料蜜，切勿取光。为了防止盗蜂，应缩小巢门，并抽出多余的巢脾，做到蜂脾相称。此外，蜂箱的缝隙要堵严，检查动作要快。

五、秋末冬初流蜜期的管理

鹅掌柴、柃、枇杷、野坝子、茶树等，是我国南方秋末冬初的蜜源。这时气温较低，经常降到10℃以下，有时连续阴雨天。因此，这个时期的采蜜群应注意保温，适当密集群势。取

蜜应选择在晴暖的天气10—14时进行，每次取蜜的间歇时间宜稍长些。同时应采取抽脾取蜜的方法，以兼顾繁殖，并保证产品质量及群内饲料。

六、流蜜期关王确实能高产

流蜜期前两三天关王一个礼拜，然后放王10天。此时蜂蜜的产量比正常不关王将高出许多。

第三节　土蜂蜂王剪翅防飞逃

土蜂性喜迁，特别是在分蜂季节和夏秋逃亡季节，养蜂人成天追蜂、招蜂，苦不堪言，笔者经20余年的摸索，发现了蜂王剪翅这一方法。现简要介绍如下。

一、剪翅时间

土蜂一般都可施行蜂王剪翅手术。时间应选择在外界有蜜源，巢内有卵虫脾时。这时剪翅，不会影响蜂王产卵，忌缺蜜断子期剪翅，此期易促蜂飞逃。飞逃群收捕后应剪翅，并注意饲喂促产，顽固飞逃群应调脾诱产。

二、具体作法

（1）练习捉王。可先用雄蜂练习，右手的拇指和食指配合，从后轻轻地捉住王翅，将王提离巢脾，然后左手拇指、食指、中指配合，轻轻捏住蜂王胸部。

（2）右手持利刃小剪刀用刀尖掩起一侧前翅，顺势剪去1/3~2/3。

（3）放王。左手靠框梁，松开手指，看王入群后盖好蜂箱。

（4）注意。整个过程应稳、轻、准，不要扰乱蜂群和损伤蜂王，翅不能全剪。

三、术后科学管理

有蜜有子时施术，蜂王不停产，箱外观察即可。断子缺蜜期，应加强饲喂，一般5天后可开箱检查，如仍未产子，则应从它群借调卵虫脾诱产。对有的飞逃群，仍会发生再飞逃，可不必管蜂，应注意跌落地上的蜂王，好好保护，蜂漫飞一阵回巢后，再将王放进去。这样的蜂群只有调卵虫脾才能消除飞逃情绪。

四、剪翅功能

（1）防止分蜂群飞逃。剪翅王自然分蜂后，王会跌于巢前。即可关闭原巢，另备蜂巢于原地，捡王于内，分蜂群尽皆入内，然后搬开另置，这样既省了追蜂招蜂之苦，又自然轻松地分蜂。

（2）有效地利用老王产卵。更换老劣王，群内只要在王出房前2天把多余台除去，任新王交尾成功后老王自失。这样可免去逃蜂带来的损失，又不致群内长时间断子。

（3）剪翅可使蜂群变得温驯。在实践中有8群脾气暴烈者在剪翅后变得温驯，收到了较好效果。

第四节　蜜蜂工产群的处理方法

养蜂人经常会遇到工产的情况，其处理方法也很多，有的方法蜂群恢复用时较短，而有的方法蜂群恢复用时较长，还非常麻烦，耗时多，费力大，甚至还会使人失去信心而放弃。土蜂失王以后，容易出现工蜂产卵，快者只需3天。工蜂产的都是未受精卵，只能培育成小的雄蜂。

工蜂产卵的识别从箱外观察，与正常蜂群比较，工蜂产卵群的工蜂出入稀少，不带花粉，幼蜂久不出箱试飞。出来的工蜂显得干瘦，背部黑亮。开箱检查，箱内工蜂慌乱，暴躁蜇人。大部分工蜂体色黑亮。提起巢脾，分量很轻。储存的饲料比正常群少得多，花粉更缺少。停止造脾，找不到蜂王，也没有王台。或者只有出房已久的王台基，仔细察看，可以发现有些工蜂把整个腹部伸到巢房中，一些工蜂像侍候蜂王一样守在它们身边，这就是工蜂在产卵。工蜂产的卵，一般连不成片，没有秩序，有的巢房空着，有的巢房产数粒，东歪西斜，有的甚至产在巢房壁上。如果工蜂产卵已有较长时间，可以看到无论工蜂房或雄蜂房，一律封上了凸起的雄蜂房盖，甚至有小型雄蜂出房。工产群里面至少会有 2 粒的，而且工蜂卵比王卵要小，且分布不规则东倒西歪，蜂王产卵都是一个方向的且在巢房中央。工蜂产卵的处理一旦发现工蜂产卵，应及早诱入成熟王台或产卵王加以控制。另一种办法是，在上午把原群移开 30～60 厘米，原位另放一蜂箱，内放 1 框带王蜂的子脾，让失王群的工蜂自行飞回投靠。等到晚上，再将工蜂产卵群的所有巢脾提出，把蜂抖落在原箱内，饿一夜。次日再让它们自动飞回原址投靠，然后加脾调整。工蜂产卵群在新王产卵或产卵王诱入后，产卵工蜂会自然消失。但对于不正常的子脾必须进行处理，已封盖的应用刀切除，幼虫可用分蜜机摇离，卵可用糖浆灌泡后让蜂群自行清理。在养蜂生产中，失王是常有的事。有经验、勤于管理者，会早发现早处理，不会造成大的影响。若发现过晚，在巢内无卵、虫的情况下，工蜂很快就会产卵。

工蜂产卵群，介台育王为时已晚，若介产卵王，则难度较大，不易成功。即使蜂王介入成功，产卵工蜂和蜂王相处很长一段时间，且各产各的卵，工蜂也尽职饲喂，但消耗了饲料、降低了蜜蜂体质。当子脾封盖后，脾面上受精卵和未受精卵形成的两种蛹相间，且未受精的蛹多于受精的蛹，弃之不忍，留之无用，使强群变弱、弱群变衰，很快丧失生产能力。快速处理工蜂产卵、减少损失，首先要弄清其根本原因，才能对症下药。工蜂产卵的根本原因是无王，使得部分工蜂享受了同蜂王一样的生活待遇，促使其卵巢发育，有多余巢房供产卵。如发现工蜂产卵，应立即将该群巢脾撤出另作处理，让工蜂暂栖于覆布下的几个空框上，使巢内无蜜、无粉，用饥饿法促使工蜂卵巢萎缩，失去产卵机能。第二天选一优质蜂王，囚入笼内挂于蜂团中，使工蜂得到“蜂王激素”，稳定蜂群情绪，同时用框式饲喂器喂少量糖水。第四天观察，若没有围王现象，可调入1张有蜜、粉和虫、蛹的脾，使蜂群外出采集。第五天调入供蜂王产卵的脾，同时放王，较短时间内蜂群能够迅速壮大。

1. 工蜂产卵群介王

蜂王产卵，工产蜂也产卵，工蜂对工蜂卵和蜂王卵同时哺育，足以说明蜂王物质对卵巢发育成熟的工产蜂没有抑制作用。工蜂、工产雄蜂封盖子脾参差不齐，新蜂出房后，工蜂封盖子脾成片，多数人误以为工蜂停止产卵。其实不然，只要提脾查看，还可以见到一房多卵现象。为什么没见工产雄蜂子呢？因新蜂出房，新蜂对工产蜂卵有识别和清除作用，所以见到的是整片工蜂封盖子。

2. 工蜂产卵群带老熟封盖子脾介王

新蜂出房，蜂王产卵，除有少数雄蜂子外，大部分工蜂封盖子脾成片，是新蜂清除工产蜂卵的功劳。

3. 割脾限产后工蜂产卵群介王

割掉子脾，限制工产蜂产卵后介王，蜂王产卵，没有新蜂参与清除工产蜂卵，工蜂子脾成片，说明蜂王物质对卵管萎缩后的工产蜂有抑制作用。

4. 一天处理工产群的方法

具体操作过程：提前一两天在工产群用介王笼关老王介入（最好在工产群的卵还没有孵化成幼虫时进行，更不能等到幼虫封盖时再处理），同时可以滴少量白酒在蜂箱后面两角。一两天后的上午关巢门（一定要白天关巢门），把工产箱移开，原地放一新箱，并从其他群调入一块子脾，盖好。再把工产群运到离蜂场直线距离500米外的地方，抖掉所有蜜蜂，注意保护好关在介王笼中的老王。返回后，把老王放出到原位的箱中子脾上（这时已经有些采集蜂回来了，脾上有少量蜂）。原来的工产脾可以放正常群清理工产卵，或直接放外面冻死工产卵，工产脾还可以再利用。这样处理后，抖掉的蜂下午就有些返回来了，如果返回的蜂多就再加入一块子脾，因抖蜂地点离蜂场较远，那些工产蜂和呆子工蜂就飞不回来了，自然而然一抖就解决了工产问题，第二天介入的老王就会产卵。从此工产群就成为了正常群，由于调入了子脾和老王马上产卵，蜂群发展非常快。

当然，最好是提前预防工产，杜绝工产群的出现。

第五节　蜜蜂交尾群的组织和管理

交尾群是为新蜂王生活的小蜂群。组织交尾群的时间，是在移虫后的第 10 天，或者王台封盖后的第 7 天。

组织交尾群，先要准备好交尾箱，可以用 2 或 3 块闸板把标准蜂箱严密地分隔成 3 或 4 个小区，每一小区开 1 个 30 毫米长、8 毫米宽的巢门，巢门开在不同的方向。若同方向有两个同样的巢门，处女王婚飞返巢时会误入它巢，造成损失。巢门前的箱壁最好涂以黄、蓝、白等不同的颜色，以便蜂王识别自己的蜂巢。在交尾箱的每一小区放 1 框带幼蜂的封盖子脾，1 框蜜粉脾，组成交尾群。

获得带幼蜂的封盖子脾的方法是准备 1 只蜂箱，从每个强群提出一两框封盖子脾，放入箱内，一箱放 8 个带蜂封盖子脾，盖好箱盖，把蜂箱放到远离其他蜂群的地方。经过几小时，飞翔蜂飞回原巢，封盖子脾上大部分是幼蜂。

次日，检查蜂群，割除急造王台，然后诱入成熟王台。采用铅丝绕制的王台保护圈诱入王台最安全。圆锥形的王台保护圈的下口有个圆筒状的小饲料筒，蜜蜂不能从下口进入。因为蜜蜂在破坏王台时，是从王台侧面咬破王台壁，然后将蜂王蛹刺死。王台保护圈正好护住了王台的侧壁。交尾群的覆布直接盖在巢脾的上框梁上，然后盖上副盖和大盖，使相邻交尾群的蜜蜂完全隔绝，以免蜜蜂串通互咬。交尾群放在远离其他蜂群、周围空间开阔和有明显标志的地方，相邻两个交尾箱之间相距 2

米以上，并朝不同的方向放置。

在移虫后的第 11 天，即处女王羽化出房前一天，把王台分别诱入交尾群。交尾群的蜜蜂少，调节和保持蜂巢温度的能力弱，不宜提早诱入，以免延迟蜂王出房的时间。从育王群提出育王框时，不能倒放和抖落蜜蜂，可用喷烟器少量喷烟，驱散王台周围的蜜蜂，用蜂扫把蜜蜂扫净。在温暖的室内，把粘在板条上的王台切割下来，或把王台下的三角铁片割下来，淘汰细小、弯曲的王台，把粗壮、正直的王台分别用王台保护圈诱入，或者把王台直接粘在交尾群子脾的中上部。

诱入王台的次日，检查蜂王的出房情况，淘汰死王台和质量不好的处女王，立刻给交尾群补入备用的王台。为了不妨碍蜂王婚飞、交尾，尽量不开箱检查交尾群，可通过箱外观察了解情况。若发现巢门前有小团蜜蜂互咬，或者有少量被咬死的蜜蜂，就要开箱检查。如果蜂王被围，立刻解救。蜂王如没有受伤，可把它放回巢脾，如已经受伤就不再保留。对于无蜂王的交尾群，可以再诱入 1 只王台，或者与相邻的交尾群合并。在天气正常情况下，处女王一般在出房后 5~7 日交尾，在 10 日左右开始产卵。因此，在诱入王台的 10 日后，全面检查各交尾群蜂王的交尾、产卵情况。如果不是低温、连阴雨天的影响，超过半个月仍然没有交尾、产卵的处女王，即应淘汰。

对于交尾群要做好保温、遮阴、防止盗蜂的工作，保持饲料充足。交尾群的群势弱、幼蜂多，一旦发生盗蜂，它们没有防御能力，容易发生蜂王被围而受到伤亡。在缺乏蜜源时，更要注意预防盗蜂，将巢门缩小到只容一两只蜜蜂出入。饲料不足时，补充蜜脾。

对于已产卵 1 星期左右的新蜂王，再挑选 1 次，把产卵多、产卵圈（产卵面积）大的蜂王用来人工分蜂，或者更换老蜂王。淘汰产雄蜂卵和产卵少的蜂王。但是，对于用几百只蜂组织的微型交尾群，新蜂王产卵一两天就要取出，否则由于缺乏产卵地方，蜂王会飞走。

第四章　养蜂的资源利用及发展

第一节　中国蜜粉源资源

960 万平方千米的中国大地，是由宽广的平原、高原、丘陵和山地构成，其地貌复杂，各种地形交错分布，总趋势是西高东低，呈阶梯状。

广阔的国土，从南向北跨越了热带、亚热带、暖温带、中温带及寒温带 5 个气候带。黑龙江省北部和内蒙古自治区（以下简称内蒙古）东北部的漠河等地处寒温带；东北三省、内蒙古大部和新疆维吾尔自治区（以下简称新疆）北部属中温带；山东全省和陕西、山西、河北等省的大部及新疆南部为暖温带；秦岭—淮河以南的绝大部分地区均处亚热带；海南、台湾及广东等省的南部为热带。面积宽广的青藏高原，因地势、地形的影响，自然景观、农牧业生产与上述 5 个温度带存在明显差异。

受季风气候影响和因离海洋远近的差异，湿润、半湿润、半干旱与干旱 4 类地区在中国并存。东北三省的东部及秦岭、淮河以南各省、自治区、直辖市都属于湿润地区，年降水在 800 毫米以上；东北平原、华北平原、青藏高原东南部属半湿润地区，年降水 400 毫米以上；内蒙古高原、黄土高原与青藏高原的大部为半干旱地区，年降水 400 毫米以下；新疆、内蒙古西部、青藏高原东北部为干旱地区，年降水 200 毫米以下。

复杂的地形和气候，形成了不同类型的自然植被和人工植被。东北的大、小兴安岭和长白山区有茂密的森林。西南则有“北回归带上的明珠”著称的西双版纳热带雨林。在东海之滨和南海岛屿，无数热带、亚热带的珍贵植物群落交相辉映。中部的黄河与长江中下游流域平原，各种农作物更是绿叶繁花，常年不断，四季飘香，即使是在干旱与半干旱地区的“大西北”高原、盆地、沙漠、戈壁等各类地貌上，也分布着各种生态环境下的植物群落。

优越的自然条件，为中国孕育了丰富的蜜粉源资源。

一、中国蜜粉源资源

据初步统计，已被利用的蜜源植物有近万种。中国的1.066亿公顷耕地上，约有蜜源作物0.3亿公顷；在0.7亿公顷的森林中，有许多能为蜜蜂提供优质蜜、粉的树种；在3.3亿公顷草原上，广为分布品种繁多的牧草蜜源。

中国幅员辽阔，各类蜜源分布极广，四季均有花开，转地蜂群常年可以采蜜。主要蜜源植物分布状况划区如下。

（一）全国性的主要蜜源

1. 油菜（*Brassica campestris* L.）

别名芸薹。是中国栽培面积最大、分布最广、花期长、蜜粉极其丰富的蜜源作物。全国共有613万多公顷。分布于四川、广东、广西壮族自治区（以下简称广西）、福建、云南、贵州、湖南、湖北、江西、江苏、浙江、上海、安徽、山东、河南、河北、山西、内蒙古、辽宁、黑龙江、陕西、甘肃、宁夏回族自治区（以下简称宁夏）、青海、新疆25个省、自治区、直辖市的油菜均有可供采蜜的放蜂场地。

中国的油菜分三种类型：白菜型植株矮小，分蘖性强；芥菜型植株稍大，叶片薄；甘蓝型植株高大，叶片厚而大。同一种植区内，白菜型油菜花期最早，芥菜型稍后，甘蓝型最迟。按照纬度位置，北回归线及其以南的白菜型油菜始花在12月至翌年1月，长江以南1—2月开花，华北4—5月，西北5—6月。芥菜型和甘蓝型油菜在长江及其以南地区3—4月，西北和东北6—7月。

油菜花期25~30天，品种较多的种植区花期可延续40天左右。花期气温12~20℃，开花前1~2天，如遇气温高，花数多而整齐；气温降至10℃以下，花数明显减少；5℃以下则多数不开花。油菜花期的相对湿度以70%~80%为宜，如果降至60%以下或上升到94%以上，均不利于开花泌蜜。

据中国农业科学院蜜蜂研究所观测，油菜花蜜含糖量早晨约10%，中午60%，最高可达64.5%，平均为28.65%。一朵花的花粉多的达7.05万粒，少的3万粒，平均4.76万粒。油菜花期常因粉多压缩产卵圈。一个油菜花期的强群可采蜜10~30千克，最高可达40~50千克。

2. 紫云英（*Astragalus sinicus* L.）

别名红花草、红花、草子，豆科一年生草本作物，主要用作绿肥或青饲料。集中分布于北纬24°~35°，东经103°~122°的广大水稻产区。以长江中下游流域的江西、湖南、湖北、安徽、浙江5个省为最多，其次是江苏、广东、广西、四川、福建、河南、贵州、上海8个省、自治区、直辖市，总面积660多万公顷。紫云英喜生于温暖湿润气候和保肥爽水的砂质土壤，要求土壤酸碱度为pH值5.5~7.5。生长期忌渍怕旱。

紫云英始花期在广东、广西1月下旬，湖南、江西3月中旬，湖北、安徽、江苏4月上旬，河南4月下旬。花期长达20多天。紫云英早上开花，数量随气温升高而逐渐增多，16时达到最高峰；晚上花冠闭合，开花甚少。温度在20~22℃时开始泌蜜，25~30℃时泌蜜最多，超过37℃泌蜜减少。若花期相对湿度80%以下，有一定的光照，更有利于开花和泌蜜。长江中下游流域省区的紫云英易受阴雨威胁，若花期内连晴10天以上则可获得丰收或大丰收。大风之后停止泌蜜，需2天后才能恢复正常。

紫云英的蜜、粉丰富，特别是该花期的蜂群经早春繁殖，又通过油菜花期复壮，群势强壮。一个花期每群蜂可产蜜20~30千克，高产群40千克以上。

3. 刺槐（*Robinia pseudoacacia* L.）

别名洋槐，豆科落叶乔木。19 世纪初由欧洲传入中国山东青岛，后沿胶济铁路向西蔓延。在全国的分布广泛，种植面积大，泌蜜丰富，蜜质优良，是夏季的主要蜜源之一。

刺槐适应性强，耐干旱瘠薄，适合生长在年降水 500~900 毫米的黄河中下游流域各省。集中生长区为山东、河北、河南、陕西、辽宁、北京 6 省市；其次为江苏、安徽、山西、甘肃、天津等省市及湖北西北部。分布带为北纬 23°~46°，东经 86°~124°。据 11 个省市的不完全统计，总面积达 100 多万公顷。

刺槐开花既有南北差异，又有垂直地势的区别。始花期在长江流域为 4 月下旬，黄河流域为 5 月上旬，西北地区 5 月中旬，始花期由南向北推迟。刺槐的始花期还有从内陆向海滨延迟的规律，如辽东半岛的大连市金州区，与北京几乎处于同一纬度，但比北京的始花期晚半个多月。刺槐的花期约 10 天，而山区的花期交错，前后可达 20 多天。刺槐花期正逢中国西南季风盛行之际，风是影响泌蜜的主要因素。干燥酷热的西南风能使花朵萎蔫，花期缩短。刺槐泌蜜的适宜气温为 22℃以上。

凡采刺槐的蜂场，多利用纬度、地势形成的花期差异，争取在一个月内转地 2~3 次，每次每群蜂可产 10~20 千克蜜，整个刺槐花期可产蜜 30~75 千克。

（二）东北的主要蜜源

中国的东北地区主要包含内蒙古东北部和辽宁、吉林、黑龙江 3 省。本区的气候寒冷，但因地处湿润与半湿润区，植被丰富，最著名的蜜源植物是椴树，其次为胡枝子和向日葵等。

1. 椴树（*Tilia tuan* Szyszyl.）

椴树科落叶乔木，多生长于阔叶混交林中，垂直分布于海拔 200~1 200 米的山坡上，分为紫椴（*Tilia amurensis* Rupr.）和糠椴（*Tilia mandschurica* Rupr. et Maxim.）2 种。紫椴又称小叶椴，糠椴又称大叶椴。

椴树主要分布在东北地区的长白山区、小兴安岭和完达山区，河北、山西等省也有少量分布。

紫椴花期在7月上旬至中旬，最早年份为6月26日；糠椴花期在7月中下旬。两种椴树的交错花期20多天。泌蜜适温为22~25℃。椴树的蜜腺为暴露型，有利于蜜蜂采蜜。泌蜜受气候影响较大，若花前干旱、蕾期受冻害或虫害、开花后遇连阴雨，均会使松树蜜减产。

椴树开花泌蜜有明显的大小年，通常大年花多、泌蜜多、花期长；小年则反之。一般年每群蜂产蜜20~30千克，丰年可达50千克以上。在连续高温、高湿的天气，一个强群在盛花期每天可产蜜10~15千克。

2. 向日葵（*Helianthus annuus* L.）

别名葵花、转日莲、朝阳花。菊科，一年生草本油料作物。是中国在20世纪70年代以后发展起来的新蜜源，总面积79万多公顷，主要产区是黑龙江、辽宁、吉林以及内蒙古、新疆、宁夏等省、自治区。

不同地区的向日葵开花时间不一，黑龙江在7月下旬至8月下旬；辽宁、内蒙古在8月上旬至9月上旬。油用向日葵花期比食用品种花期迟7~10天。泌蜜适宜温度为20~30℃。向日葵花期较长，蜜、粉丰富，花蜜含糖量高，利于蜂群采集与繁殖。一般年每群蜂可产蜜10~20千克，丰年达30~40千克，1980年黑龙江省拜泉县三道镇吴宝琳蜂场曾创造了群产110千克的纪录。若花期天气干旱、土壤缺水时，只能提供花粉，很少泌蜜。

向日葵是中国东北和西北秋季的主要蜜源之一。在东北采完松树蜜的蜂场，一部分转入胡枝子场地，另一部分则利用向日葵的花期差异，由北向南转地两次，以繁殖越冬蜂和增加蜂蜜产量及饲料贮备。

3. 胡枝子（*Lespedeza bicolor* Turcz.）

别名苕条、杏条，为豆科落叶灌木。中国共有胡枝子60多种，分布在全国各地，尤以东北最多，常和榛树形成灌木丛。

主要分布区在黑龙江省的小兴安岭和完达山脉的浅山区，吉林省的延边州、长春市、吉林市、四平地区，辽宁省的抚顺、丹东、铁岭市和内蒙古自治区的锡林格勒、乌兰察布、伊克昭3个盟；陕西、河北、河南、山东等省也有少量分布。胡枝子属高温型蜜源，泌蜜适温25~30℃，花期从7月中下旬至8月中下旬，开花泌蜜盛期20多天。在晴天高温高湿的条件下泌蜜最多，一般年景每群蜂可产蜜10~15千克。

胡枝子花期正值秋季，常受阴雨低温影响而减少或停止泌蜜，是不稳产的蜜源。通常在深山区采完椴树蜜的蜂场，就近移至浅山区采胡枝子，以恢复群势，培养越冬蜂，只是在好的年景能生产一部分商品蜜。

（三）西北地区的蜜源

西北地区包括陕西、甘肃、宁夏、青海、新疆和内蒙古西部，面积300多万平方千米。该区土地辽阔，是中国开发较晚、潜力很大的蜜源基地。西北省区大部分处于干旱、半干旱及半湿润地区，空气干燥，日照长，温差大，有利于植物泌蜜，境内高原、山地、沙漠、戈壁、盆地等复杂地貌构成了多种生态环境，主要蜜源区有330多万公顷。

1. 老瓜头（*Cynanchum komarovii* Al.）

别名牛心朴子、芦心草，为萝藦科直立半灌木，是西北半荒漠地带的主要蜜源植物。老瓜头耐寒、耐旱，多生于沙漠边缘的沙地、荒坡，垂直分布可达海拔2 000米左右。生长范围约15万平方千米，集中分布区约66万多公顷。著名的放蜂场地在毛乌素沙漠四周的内蒙古伊克昭盟。阿拉善盟和宁夏中部、陕西北部、甘肃东北部的一些地区。

老瓜头花期大致从5月下旬至7月中旬，多数地区是从6月初至7月中旬。盛花期35~40天。花冠为开放式，花蕊在外面，泌蜜量大，容易采集。泌蜜的适宜温度为28~30℃。一般年群产蜜30~50千克，丰年强群单产可达100千克以上。

老瓜头花期，气候干热，风沙大，花粉欠缺，容易造成群势下降的现象。

老瓜头产区由于交通不便，仅部分得到利用，每年前往采蜜的有5万~8万群蜂，总产蜜量2 500~4 000吨。

2. 草木樨（*Melilotus Suaveolens* Ledeb.）

分白香草木樨（*Melilotus albus* Desr.）和黄香草木樨［*Melilotus officinalis*（L.）Desr.］两种，是植株高60~90厘米含有特异香味的豆科牧草。在新疆、甘肃、宁夏、陕西、内蒙古、山西、辽宁等省区均有大量分布。黄香草木樨在西北一般6—7月开花，同一地区的白香草木樨花期要晚两周左右。流蜜期约20天，泌蜜温度25~30℃，在新疆则需要更高气温。其泌蜜量大，产量稳定，一般0.3公顷可放蜂一群，群产蜜20~40千克；人工种植并有灌溉条件的草木樨，一个花期可取蜜7次。草木樨的蜜、粉丰富，蜂群采完草木樨后，群势能增长30%~50%。

3. 白刺花（*Sophora viciifolia* Hance）

别名狼牙刺、苦刺、铁马胡烧。豆科落叶灌木。广泛分布于黄土高原、秦岭山区、云贵高原和吐鲁番盆地周围，其中陕西南部、甘肃东南部、四川北部及山西西部都有大量分布。白刺花的始花期在川北为4月中旬，陕南5月中旬，甘肃5月中下旬。花期长达20多天。泌蜜适宜温度为25℃左右。白刺花泌蜜丰富，较为稳产，平均群产蜜15~30千克。

秦岭北麓的白刺花开花末期，蜜蜂常发生梭枝南蛇藤花粉中毒现象，因此，采白刺花的蜂群需提前退场。

4. 沙枣（*Elaeagnus angustifolia* L.）

别名桂香柳、银柳，为胡颓子科落叶乔木。其生长迅速，具有耐风沙、干旱、盐碱、瘠薄的特性，主要分布于西北地区的荒漠、半荒漠地带。较大面积的人工林在新疆、甘肃、宁夏、内蒙古等省、区及陕西省的榆林沙区。一般生长于海拔1 500米以下。

沙枣5—6月开花，花期约20天，其蜜粉丰富。对蜂群繁殖有利。若花期刮大风和酷热的西南风，则影响泌蜜。

5. 荞麦（*Fagopyrum esculentum* Moench.）

别名三角麦。蓼科一年生草本农作物，是中国秋末的一个大宗蜜源。全国大部分地区都有分布，以西北的甘肃、陕西、宁夏、内蒙古种植最多，总面积60多万公顷。荞麦的花期30天，泌蜜适宜温度为25~30℃，相对湿度80%以上。东北与西北地区的花期均在8月上中旬，华南和西南地区在10月上旬。在西北地区采荞麦蜜的蜂场，除留足饲料外，还能获取商品蜜20~50千克。

1979年以来，由于农村经济体制改革和耕作制度的变化，长江、华南一带的荞麦老产区面积大大减少，西南山区和西北仍维持原状。

（四）中原地区的主要蜜源

本区泛指华北平原，包括黄河流域中段与长江之间的省市，属于半湿润地区。

1. 枣（*Ziziphus jujuba* Mill.）

别名红枣、大枣，为鼠李科落叶乔木。其适应性很强，对土壤要求不严，大致分布在北纬23~42℃。除东北和青藏高原外，大部分省区均有栽培，以华北地区的河南、河北、山西及与华北接壤的山东等省最为集中。主产区的枣树始花为5月下旬或6月上旬，花期长25~30天，为高温型泌蜜植物，泌蜜适温25~33℃。枣的幼树开花少，10年生树始进入盛花期，20~50年树花朵密，泌蜜量大。正常年景每群蜂可产蜜10~25千克。

枣花蜜中含有的生物碱，对蜜蜂能引起不同程度的中毒，被称之为“枣花病”或“五月病”；加上枣花缺粉，花期气温高，天气干旱，伤蜂较重。采枣花的蜂群群势会有所削弱。

2. 荆条［*Vitex negundo* L.var.*heterophylla*（Franch.）Rehd.］

别名荆柴、黄金子，为马鞭草科落叶灌木。荆条在中国的华北、东北南部、西南及长江以南各省均有分布，集中在河北、北京、山西、山东、河南及辽宁南部。分布在长江以南的黄荆在部分地区已由辅助蜜源成为主要蜜源。

多数地区的荆条花期从6月上中旬到7月中下旬，因气候或年份差异，前后相差十多天。北方的荆条泌蜜适温25~28℃，南方30~32℃。一般年群产蜜15~30千克。

3. 芝麻（*Sesamum indicum* L.）

别名胡麻，为胡麻科一年生草本油料作物。全国共种植60万~70万公顷，主要分布在河南、湖北、安徽、江西、河北、山东等省，其中以河南省面积最大，为30多万公顷。

芝麻分早熟种与迟熟种，早的花期在6—7月，迟的7—8月。花期长达30余天。泌蜜适温为25~28℃。花期喜微旱、怕雨渍。在湖北、江西等省，芝麻常与棉花相邻种植，晚芝麻花期也与棉花相同，一般是2种花混采，统称“芝棉蜜”。每群蜂产蜜5~15千克，芝麻花粉尤丰，对繁殖越冬适龄蜂有利。

（五）长江流域的蜜源

长江流域是中国重要的养蜂区。若从上游的云南、贵州、四川算起，连同浙江的干流9省市共有蜜蜂500多万群，占全国蜂群总数的2/3。该地区主要蜜源除油菜、紫云英外，还有一些重要的区域性蜜源植物。

1. 柑橘（*Citrus reticulata* Blanco.）

为芸香科常绿小乔木和灌木。适宜生长在雨量丰富、年平均气温为18~21℃的热带、亚热带及暖温带地区。主要开花泌蜜的种类有柑、橘、橙、柚，全国面积约112.3万公顷，居世界第二位。西起云南、贵州，东到浙江、上海，南至海南岛，北到黄河以南各省都有可供蜜蜂采集的成片柑橘林带，面积最大的是四川省。1985年起，国家又大量投资兴建川鄂两省的“长江柑橘带”，将几十个适宜栽培柑橘的县市定为生产基地。

长江中游地区的柑橘花期在4月下旬至5月上中旬，以南地区花期分别早1~2个月。因品种差异，群体花期为20多天，泌蜜适温为20~25℃。柑橘花期正逢雨季，对采蜜略不利；其次是柑橘的大、小年明显，故泌蜜不够稳定。气候适宜的年景，每群蜂可产蜜10~20千克，最高达40千克。

2. 乌桕［*Sapium sebiferum*（L.）Roxb.］

别名木梓、木蜡树、卷子，为大戟科落叶乔木。主要分布在贵州、湖北、湖南、川东、皖西、赣南等地，福建、浙江等省也有一定分布。主产区的花期在6月上中旬至7月上旬，因品种和海拔高度不同，提早或推迟10多天。泌蜜适温为25~32℃。一般5~7年树龄开花，10~30年壮树泌蜜最多。乌桕花粉足，泌蜜涌，但因秋后采乌桕籽常砍伐树枝，故采籽后的第二年只长叶枝而无果枝，形成花期的小年，一般年群均产蜜20~40千克。

此外，在长江以南山区还广泛生长着一种山乌桕［*Sapium discolor*（Champ.）Mueel、Arg］，别名野乌桕。主要分布在江西、广东、海南、广西、云南等省区。5月中下旬开花，泌蜜盛期20~25天，群均产蜜20~30千克，丰年超过50千克。

3. 棉属（*Gossypium* spp.）

普通栽培的有草棉（*Gossypium herbaceum* L.）和陆地棉（*Gossypium hirsutum* L.）。为锦葵科一年生草本经济作物。全国总面积达654万公顷。集中在长江中下游流域、黄河中下游流域和新疆内陆三大棉区。新疆种植的主要是海岛棉（*Gossypium barbabense* L.），比陆地棉泌蜜量大。

棉花共分叶脉、苞叶和花内3种蜜腺，往往开花前叶脉蜜腺先泌蜜。长江中下游省区棉花的花期在7月下旬至9月上旬，黄河中下游各省为7月初至8月初，新疆吐鲁番为7月中旬至9月初。大流蜜期约40天，泌蜜适温35℃。新疆棉区一般群产蜜10~30千克，最高达150千克。其他棉区因花期频繁施用农药，伤蜂过重，蜜源利用价值大大降低，群产一般在10~20千克。20世纪80年代以来，全国棉花面积增长较快，部分省区积极推广生物防治技术，它已成为当地夏秋主要蜜源。

（六）东南沿海区

在福建、广东、海南、广西等省区，生长着一些蜜质优良的蜜源植物，春季有荔枝，春末夏初有龙眼，秋季有柃，冬季有鹅掌柴。

1. 荔枝（*Litchi chinensis* Sonn.）

为无患子科的常绿乔木。主要分布在广东、福建、广西、台湾、海南等省区，四川、云南也有少量栽培。早熟品种的花期在2月上旬至3月中旬，中熟品种3月上旬至4月上旬，晚熟品种3月下旬至4月中旬。因受年份和气候影响，花期变化较大。又因大小年明显，一般年群产蜜10~20千克，丰年30~40千克，歉年5~10千克。基本呈“丰—歉—平”的规律。

2. 龙眼（*Dimocarpus longan* Lour.）

别名桂圆，为无患子科常绿乔木。全国栽培20万~30万公顷，是世界上栽培面积最大的国家。以福建种植最多，其次是广东、广西、四川。

龙眼花期比荔枝晚，海南3月中旬至4月中旬，广西4月中旬至5月上旬，福建5月上旬至6月上旬。泌蜜适宜温度25~26℃，夜间气温20℃以上，白天晴朗，泌蜜最多。开花泌蜜的大、小年极明显，一般年景，主产区群均产蜜20~30千克，一般地区10~15千克。

3. 鹅掌柴［*Schefflera octophylla*（Lour.）Harms］

别名鸭脚木、八叶五加、公母树，为五加科常绿乔木或灌木。广泛分布于我国热带和亚热带山区丘陵，能放蜂采蜜的有福建、广东、广西等省区。

鹅掌柴，花期从11月上旬至翌年1月上旬，老树先开花，幼树稍迟。由于花期正值隆冬，常有低温或寒潮出现，既影响泌蜜，也影响蜂群采集，尤其是意大利蜜蜂，常因飞出采集而冻僵于巢外。一般年景群均产蜜10~15千克，丰年40千克以上。

4. 柃木属（*Eurya* spp.）

别名野桂花、山桂花，为山茶科常绿乔木或灌木。中国柃属约有80种，其中数量多、分布广、可泌蜜的是短柱柃、细枝柃、细齿叶柃、翅柃、米碎花等。柃多生于疏林湿地，喜酸性土壤。集中分布在湖南、湖北、江西、广东、广西、云南、贵州等省区。

柃的花期自高纬度向低纬度、高海拔向低海拔推迟，总花期可从当年10月延至翌年2—3月。因此，在一些地区有秋柃、冬柃和春柃之分。柃为低温泌蜜植物，往往夜打轻霜，日出后天暖即泌蜜。在夜冷昼热的条件下泌蜜量更大。大雪寒潮之后，只要不结冰仍能继续开花泌蜜。意大利蜜蜂只能采秋柃，而且需要提早撤离场地，否则蜂群伤亡过大。土蜂受气温影响较小，产蜜量高于意大利蜜蜂。一般年景土蜂群均产蜜10~20千克，意大利蜜蜂10~15千克。

（七）西南地区

野坝子（*Elsholtzia rugulosa* HemsL.）

别名野坝蒿、皱叶香薷、狗尾巴香，为唇形科多年生灌木状草本植物。生于海拔1 300~2 800米的荒坡、草地、道边及灌木丛中。以云南省的西、南、中部最为集中。四川的西昌、凉山，贵州的兴义、安顺等地也有分布。

野坝子大致由北往南，自山上向山下依次开花。集中分布区的云南10月上中旬开花，泌蜜期60天左右。气温17℃以上时泌蜜最涌，一般年群产蜜15~25千克，丰年达40~50千克，最高群产75千克。即使灾年，由于泌蜜期长，也能采足越冬饲料。但野坝子花粉很少。

二、长途转地放蜂的主要路线

从中国蜂群与蜜源的数量分布上看，超过100万群的四川、浙江两省分别在长江干流的东、西两端，其间连着的一些省份均是30万~40万群蜂，而中国各个季节的主要蜜源植物遍布各地，这就决定了多数养蜂者必须跨越地理纬度，实行长途转地放养，以充分利用外地蜜源达到追花取蜜，提高经济效益的目的。

早在1959年代，当中国转地放蜂刚刚兴起时，蜂箱可以装入铁路旅客特别快车的行李车中转运。转地的蜂群多了，铁路部门便将蜜蜂作为鲜活物优先办理急运手续，有时甚至发送蜂群专列。直到20世纪80年代初，蜂群的转地运输，仍主要依赖铁路。20世纪80年代中后期，汽车运蜂数量增加，1 000千米的远距离也常用汽车日夜兼行紧急转运。这都为中国的转地放蜂提供厂方便。因此，全国转地蜂群一度超过了总蜂量的一半，养蜂者的足迹踏遍大兴安岭、黑龙江畔、海南宝岛和天山南北，有的蜂场一年中转地路程甚至超过5 000千米。其放蜂路线均由南向北，主要有4条。

1. 东线

该转地放蜂路线为福建、广东→安徽、浙江→江苏→山东→辽宁→吉林→黑龙江→内蒙古。具体安排是12月蜂场到广东或福建越冬繁殖，至翌年2月底或3月初北上第一站到浙江或安徽南部采油菜；4月中旬转江苏南部采甘蓝型油菜和紫云英；随即于5月初转地山东采刺槐，再由胶东半岛海运到辽东半岛，采第二站刺槐；于6月直发吉林长白山区或黑龙江椴树场地；椴树花结束后的7月中下旬，部分蜂场就近来胡枝子，另一部分蜂场则向南折回吉林、辽宁或内蒙古采向日葵。9月后，东北、内蒙古气温降低，蜂场在向日葵场地繁殖并越“半冬”，到11月中下旬，再南下广东、福建的南繁场地。东线的转地距离4 000~5 000千米。

2. 中线

该转地放蜂路线为广东、广西→江西、湖南→湖北→河南→河北、北京→内蒙古。以京广铁路为转运干线。具体安排是在11月底或12月上旬将蜂群运抵“两广”油菜或紫云英场地繁殖蜂群，到翌年2月底北上江西、湖南采油菜；3月底转地到江西中部、湖南洞庭湖区或湖北采紫云英；4月下旬转河南采刺槐并于5月下旬就近采枣花；6月中下旬转至河北、北京采荆条；7月底8月初北上内蒙古采向日葵、荞麦。通常于内蒙古鄂尔多斯高原越“半冬”后，直接运广东、广西或返回蜂场原籍省。

3. 西线

该转地放蜂路线为云南、四川→陕西→青海（或宁夏、内蒙古）→新疆。具体安排是11月底或12月初到云南，利用早油菜花期繁蜂；翌年1月底或2月初转至四川成都平原采油菜；3月下旬进陕西南部采油菜，或于4月上旬转关中平原采刺槐、紫苜蓿；6月初，向青海转地采油菜或转回宁夏、甘肃采山花，或从陕西转回宁夏、内蒙古采老瓜头。也有少数蜂场从陕西或青海远征新疆采棉花。该路线的特点是以西北的蜜源为主，西北省区的主要蜜源大多是夏秋季开花，泌蜜稳定，是全国的蜂蜜高产区，且宝鸡市又是蜂产品的集散地，故每年有40万~50万群蜂从东南或西南来此放蜂，加上西北本地的60多万群蜂，年产蜜约2万吨。

4. 南线

该转地放蜂路线为福建→安徽、江西→湖南→湖北→河南。走这条路线的多是浙江、福建的蜂场，在本地越冬后，于2月下旬转到江西或安徽两省的南部采油菜；4月初到湖南北部、江西中部采紫云英；5月进湖北采荆条，或从湖南、江西转入河南采刺槐、枣花、芝麻；于7月底转回湖北江汉平原或湖南洞庭湖平原采棉花。部分蜂场还在湖北越冬。

第二节　养蜂十大误区

一、喜欢贪脾

新手常犯的毛病甚至在一部分老手身上也出现，盲目往蜂群里加脾加础，弄得脾多于蜂。脾面蜂数稀零，是群势发展的大忌。

(1) 幼虫多，哺喂蜂少，顾此失彼，造成营养不良，导致相当一部分出巢新蜂先天性残疾（爬蜂）。即便能正常飞翔，也难得寿数（夭折）。

（2）酷夏时节，由于脾多蜂少，工蜂煽风驱热很难面及各个领域，过高室温缩短工蜂寿命并波及幼虫伤热（烂仔）。

（3）春冬季节不利保温，造成伤冷，极易引发疾病（烂仔和中囊）。脾多于蜂是养蜂的致命伤，无论任何时节，群势必垮。

二、喜欢贪群

对某些养蜂人来说，总爱贪群，见箱内有4~5脾就分群。似乎群越多以示他“事业”越宏大。群多而脾少，就像一位实力不足而爱充门面的商人，公司表面装饰似模似样，而内在却让人不敢恭维。群多而脾少的弊病。

1. 增加蜂人劳动强度
2. 不利蜂群保温和降温
3. 群势发展迟缓
4. 影响经济收入
5. 容易诱发疾病

三、蜂病乱施药

好的养蜂高手，一年四季甚少发生蜂病的。一旦发病，会针对性地施药，很快会得到抑制。纵观论坛以及周遭蜂友，相当一部分养蜂技术不错，但在蜂病防治上仍然是个盲区。即是见病滥施药，不分病理和病因，不懂药理和药性。常常把“烂仔”（细菌病）和“中囊”（病毒病）混淆不清。更好笑的是，常见有些蜂友从网上复制一些治理蜂病（老得掉牙）的处方传授他人。动辄就是“四环素、土霉素……”用这些病菌早已产生了抗体几十年的垃圾药去治理病蜂。甚至在某论坛见到一版主，教人用“病毒灵”去治幼蜂，并强调自己是医生……这些南辕北辙，不懂装懂，误导他人的施治之法，会令那些勤劳而本不富足的养蜂人雪上加霜，其危害包括：蜂病越治越重，最后导致整个蜂场倾灭；造成严重精神打击；经济损失惨重。

四、白头蛹便是巢虫

白头蛹引起的原因不单是巢虫，还有摇蜜以及检查不慎造成的死蛹，以及鲜为人知的“蜜蜂蛹病”。各种白头蛹的表象如下。

白头蛹连线不断，是巢虫莫疑。

白头蛹零星稀疏，是人为所致。

白头蛹密集成片，是蜂蛹病毒。

五、轻信复式移虫

育王是养蜂工作中重要的一环，为了达到所需数量和及时换王的目的，经验老到的蜂人就会采取移虫育王。不知哪年哪月，何地何人，异想天开地在移虫育王里来了个创新——复式移王。此举实属画龙添足，弄巧成拙。迄今尚无科学证据证明采用“复式移虫育王”培育的蜂王优于单式移虫。除了接受率高以外，再找不出任何有利之处。“复式移虫育王”的害处如下。

一是增加无谓的劳累。

二是延缓了育王日期。

三是把握不好，蜂王质量更差。先天移入 2、3 日龄的幼虫，第二天挑出幼虫，再移入 1 日龄的幼虫。1 日龄的幼虫食用了 2、3 日龄幼虫的王浆后，导致幼虫发育物理紊乱，成长加速，出台日期缩短。虽然出台处王体形粗大，但实际上已成了劣王。

六、双王同群

现实养蜂操作中，除极少数养蜂玩家喜搞“双王同群”，真正以养蜂为业的从来不搞这无谓游戏的。双王同群并不像某些人忽悠的那样繁殖迅速、维大群，相反弊多利少。

不同蜂王素很难兼容（即便是姐妹王），导致群内工蜂情绪躁动（找不着北），哺育和采集消极。

一段时日平稳后（两周左右），工蜂逐渐冷淡弱王让其慢慢衰竭而死。

土蜂有好分蜂的特性（一般几脾就闹分蜂）。一只好的蜂王有足够的能力维持 10 脾以上产卵力，双王同群没有丝毫意义。

七、土蜂乱喂代用饲料

土蜂与意蜂都是蜂，但性情和爱好是有明显的区别。如果将蜜蜂比作女人，那么意蜂性情豪爽、大大咧咧。因为粗犷，所以生活就无需节制和挑剔，什么豆粉、玉米粉、各种代用饲料统统吞入肚……而土蜂就是传统的小家碧玉，情感细腻，生活精细。

土蜂一般无需喂饲料，因为这精细“女人”，还有一个勤俭的习惯，平时不舍得动用储备，只在紧要关头，才开仓用粮，但从不会大块朵颐，用粮浅尝辄止，以备饥荒。

但缺粉时节，为了繁蜂，主人怜惜，又不得不喂。要喂最好喂纯天然花粉。因为这精细的“女人”是水做的，受不得粗糙之物。

实在要喂“代用饲料”，无论是黄豆粉，还是售卖的“营养饲料”，最好用一半“代用饲料”一半“天然花粉”，再加一些“氨基酸”类和酵母粉、蜜水搅和发酵才能喂。

且勿单纯饲喂“代用饲料”。因为天然花粉中含有蜜蜂身体机能必需的 10 种主要微量元素、10 种主要维生素、18 种主要氨基酸。这些黄豆粉里是相对欠缺的。即便市面出售的“营养饲料”里掺有上述元素，但各种元素的比例搭配会严重失衡。结果会导致蜜蜂身体健康日趋衰退……因为再科学的东西，也无法超越生命生存的自然法则。

八、越封闭越好

对于这个问题，蜂友们各抒己见，莫衷一是。笔者建议，还是通气好。各大蜂论坛常常发出“明巢”的图片就是一个很好的证明。土蜂不是仙，也是动物，是动物就需要清新的空气，窒闷的环境是养不出好群势的。

22℃以上，35℃以下，在做好保湿的前提下，尽量开气窗让蜂箱通气，但切忌穿堂风。

一般室外旧箱和自做的杂木箱缝隙多，不开气窗，其实等于开了大气窗。

是否需要开气窗，最好由小蜜蜂自己决定，最简单的办法，如察看到小蜜蜂在巢口狂煽风就是该开气窗或搁开箱盖的时候了。

太封闭会加重小蜜蜂劳累，缩短小蜜蜂寿命，造成伤热烂子，菌毒接踵衍生……统而概之，严重影响群势发展和经济收入。

九、饲料不消毒

来路不明的饲料一定要经过消毒后才能喂蜂。多数养蜂人将白糖煮溶后倒入花粉里搅拌发酵一夜后就拿来喂蜂。这是极不严谨也不科学的。

花粉里有可能潜在烂子的“病菌”或中囊的“病毒”，以及其他引发各种疾病的菌毒。

十、摇蜜一扫光

多数蜂友几乎是见蜜就摇，并且一摇就将整箱蜜脾摇尽。凡采取这样摇蜜的，通常是蜜蜂群势少，蜂易病，蜜质差。此举造成的危害有如下几种。

(1) 箱内“衡温器”严重丧失（蜜脾能衡温），无论任何季节于蜂群繁殖不利。

（2）蜂王停产，因为工蜂无粮可食，饥饿的工蜂不再哺喂蜂王导致停产，繁殖链被破坏，蜂群青黄不接，致使群势逐渐衰败。

（3）幼虫被残害，因为巢房蜂蜜点滴无存，工蜂饥饿，拿什么哺喂幼蛹？（正常每小时喂10次以上）。得不到及时哺喂的蛹倍受煎熬，好不容易待到第二天有蜜水采回，饥饿的工蜂饱餐一顿后，再去急喂气息奄奄的幼蛹。未经酿酵的稀“蜜”水营养欠缺，害菌滋生，导致工蜂体质迅速下降。幼蛹被喂食后营养严重不良，难正常孵出。即便有幸存活，也难免一部分残疾。

第三节　主要病虫害防治

一、欧洲幼虫病

属于细菌性病害。病原为蜂房链球菌，主要是通过蜜蜂本身传播，蜂蜜、花粉和蜂具都能沾染病原，幼虫四季均可感染，但主要发生在春秋两季。发病死亡的，主要是2~4日龄的幼虫；少数幼虫在封盖后死亡。感病的幼虫，外观失去光泽，体色由白转黄，再渐渐转褐黑色而腐烂；也有的未变色即很快腐烂，从背部上可见到明显的白线（气管）。如将虫尸抽出，虫体容易破裂，具有酸臭气味，腐烂物不呈黏胶状，干枯后容易被工蜂清除。发病初期，由于少数幼小死亡，随即被工蜂清除，又因蜂王再度产卵，致使各虫期错杂在一起，呈不正常“花子”现象。如果继续发展，幼虫未到封盖即全部死亡，巢内看不到封盖子。再严重时，子脾全部腐烂，散发出酸臭味，造成蜜蜂离脾，甚至逃群。

土蜂对此病抵抗力很弱，治愈后会复发，必须经常注意防治。发病后，可使用土霉素、四环素、青霉素、链霉素等抗菌素治疗。一般取任何一种抗菌100万单位，配糖浆2千克，每次每群喂糖浆0.25~0.5千克，每隔2~3天喂1次，连续3~5次。

二、土蜂囊状幼虫病

其病原是一种过滤性病毒。主要通过蜜蜂本身传播，蜂蜜、巢脾和蜂具都能沾污病毒。刚死的虫体具有很强的感染性。一只幼虫尸体所含的病毒，可使3 000只以上健康幼虫致病。幼虫四季均可感病，一般在春秋气温26℃以下时容易流行。特别是群势弱小、饲料不足和保温不良的蜂群，更易感病。发病死亡的，多是6日龄的幼虫，约有1/3死于封盖前，2/3死于封盖后。死虫直卧巢房下方，头部翘起，体色先变黄白，后转棕色，头部呈灰色，外皮成为坚韧而透明的囊，内部组织液中出现颗粒状物。死虫的房盖下陷，常被工蜂啮开或穿孔。腐臭物不具黏性，干枯后容易清除，随着蜂王重新产卵而出现“花子”，与欧洲幼虫病初期的症状相似。患病群逐渐变弱，极易引起逃群。

土蜂对囊状幼虫病的抵抗力较弱，一经感病就容易蔓延流行。但实践证明，只要加强饲养管理，选用抗病蜂群育王繁殖，结合药物治疗，是能够控制此病的蔓延和为害的。加强饲养管理，经常维持较强的群势，做好蜂群的保温，是预防此病的前提。为了减少病毒对幼虫连续感染，可利用蜂群从分群到新王产卵这段时间的断子期，或人为地幽闭蜂王，造成一段时间的断子期，来打断囊状幼虫病的流行环节。这是预防此病的重要手段，另外，在野外花粉不多的发病季节，用少量酵母片或维生素B加入糖浆饲喂蜂群，也有较好的预防效果。在平时，注意选择抗病力强的强群培育蜂王，以更换病群的蜂王，可以大大提高蜂群的抗病力。另外，土蜂囊状幼虫病的病原不耐高温，蜂具和蜂蜜可用煮沸消毒。蜂箱清洗干净后晒干，再用硫黄烟熏10~15分钟，也能达到消毒的目的。

药物防治，可随意采用下列中一种。

一是半枝莲（狭叶韩信草、向天盏、探耳草）。用干草50克，加入适量清水，先以猛火煮沸，继以微火续煎15~20分钟，滤渣后，趁热配成浓糖浆，于傍晚可喂 8～10 框蜂。每隔 5～7 天喂 1 次，直至病好为止。

二是雄蒜醇合剂。每 10 框蜂，用精筛雄黄 1 克、鲜蒜 6～8 克，捣碎成泥，加 75% 乙醇（酒精）10 毫升，再加蒸馏水 40 毫升，装入广口瓶内摇匀备用。使用时，将蜂抖入箱底，用清洁的手提喷雾器装进药液，对脾喷雾，每脾两面各喷 3～4 下，放回原处。喷脾后第三天，病虫尸即被工蜂拖光，治疗效果较好，而且治疗后不易复发。

三是用马鞭草 50 克、墨旱莲 50 克、大蒜头 25 克，加入适量水煎煮后，过滤去渣，按 1∶1 配入白糖溶化，可喂 10 框蜂。每隔 3 天喂 1 次，直至病好为止。

四是用马鞭草 50 克、积雪草 50 克、车前草 50 克、刺苋 25 克，加入适量水蒸煮后，过滤去渣，按 1∶1 配入白糖溶化，可喂 10 框蜂。每隔 3 天喂 1 次，直至病好为止。

五是病毒灵。每框蜂用半片，严重的每框用一片，溶解后配入浓糖浆，每隔 3～5 天喂 1 次，直至病好为止。

三、巢　虫

就是蜡螟的幼虫，常见的有大巢虫和小巢虫两种，会为害巢脾和蜂蜡，特别喜爱侵袭旧巢脾。它们钻入巢房，穿孔蛀食蜡质，并吐丝连结粪粒，围成坠道作为掩护，因此也称为“绵虫”。

大巢虫对巢脾具有很大的破坏性。在温暖季节，1～2 只受精雌蛾的子代，在两个月内就可使整个继箱中贮存的巢脾报废。小巢虫则潜入巢房底蛀害，坠道所穿过的蜜蜂虫、蛹皆受损伤。蜂蛹受害后，工蜂便啮开蛹房封盖，准备抛弃，于是蛹的白色头部便显露出来，俗称为“白头翁”。巢前如看到被工蜂抛弃的死蛹，就很可能是巢虫为害引起的。大、小巢虫为害严重时，能削弱蜂群，甚至引起逃群。

大巢虫以老熟幼虫蛀入框梁或巢箱框槽内结茧越冬，翌春化蛹变成蛾，在箱缝或巢脾上产卵。卵排列单层成块，初呈乳白色，后渐转黄褐色。每只雌蛾可产卵2 000~3 000粒。卵期约9日，幼虫期约52日，结茧至羽化需12日，夏秋完成一代约经历两个半月。

小巢虫是以老熟的幼虫潜在巢底坠道、箱框缝隙、箱底蜡屑或保温物中越冬，翌春化蛹变成蛾，在箱缝或巢脾上产卵。卵排列单层成块，初呈乳白色，后转黄褐色。每只雌蛾可产卵300~400粒。卵期4~5日，幼虫期约50日，结茧至羽化需9~10日。茧白色楔状，表面附有粪便，夏秋每代历时2~2.5个月。

防治巢虫应采取综合措施，即将预防措施和药物熏杀结合起来，具体应注意以下4个要点：一是常年饲养强群；二是巢脾及时更新，不用过旧的巢脾；三是保持蜂脾相称，抽出的空脾应及时妥善保存；四是勤扫箱底，及时清除蜡屑污物。同时要掌握两个关键：第一，越夏期蜂箱不能受到太阳光的直射。因越夏阶段气温高，蜂团散开，只有一部分蜜蜂保护巢脾，如果不注意遮阴降温，蜜蜂就散得更开，巢虫就容易进入巢脾为害；第二，越夏期间断子不能过久。在大暑以后，蜂王有一段停卵期，而老蜂驱除巢虫的能力较弱，因此，若到9月上旬蜂王还没有产卵，就应给予奖励饲喂和必要的帮助，促进蜂王产卵，以便及早利用青年蜂抵御巢虫的入侵。

四、胡 蜂

是蜜蜂的大敌。它不但会捕杀蜜蜂，劫食蜜蜂的蜜囊和蜂巢中的贮蜜，而且还会用蜜蜂的肌体饲喂幼虫。胡蜂为害，还会引起蜜蜂逃群。特别是江苏省句容市山区蜂场，常因胡蜂为害而遭到巨大损失。当野外蜜源丰富的时候，胡蜂也采食花粉和花蜜。在5月下旬至6月下旬由于外界蜜源比较丰富，而且胡蜂还没有大量繁殖，故很少侵犯蜜蜂。到6月底山乌桕流蜜结束后，胡蜂的活动就开始转向蜂场。7月至9月上旬，外界蜜花源枯竭，又正值胡蜂繁殖的高峰期，因此严重为害蜜蜂。到10月，胡蜂开始逐渐减少；至11月上旬，就只有少量为害了。

胡蜂活动最适宜的温度为23～30℃；18℃以下和35℃以上活动减少。晴天胡蜂多在早晚活动，阴天或雨后则终日活动。如果气候适宜，胡蜂从早到晚都在蜂场上活动甚至在蜂箱的巢门口过夜。

为害蜜蜂的胡蜂主要有大胡蜂、黄胡蜂和小胡蜂三种。它们多营巢于地穴、树洞、壁洞、墙角或树枝上，以雌蜂潜伏越冬。春天3—4月所见的胡蜂均系雌蜂，此期若能大量诱杀，8—9月胡蜂的为害就会大大减轻。新胡蜂出房后，雌蜂即开始专门产卵。

胡蜂到蜂场活动时，先在蜂场上空打转，然后落在树枝上，寻找目标。看准后，就冲条蜂箱巢门口，发出嗡嗡响声，吓唬守卫蜂。此时守卫蜂也群集巢门口严阵以待，并发出蜂臭；巢内部分蜜蜂得到信号后也涌出巢门。如果大胡蜂大批侵入箱内，蜜蜂将无法抵御，以至全群弃巢迁飞。

为了防除胡蜂为害，必须寻找其巢穴，进行消灭，这是最根本的措施。在胡蜂活动的季节里，蜂巢应换成圆孔巢门或曲道巢门。养蜂者也应随时守在蜂场上，用竹编的小拍或木板条拍杀胡蜂。另外，也可以把打死的胡蜂，集中放在蜂群附近或离蜂群较远的平地上进行诱杀。胡蜂不但喜食蜜蜂，更喜啃同类的尸体。它们一见胡蜂尸体，就会立即扑上，我们可以趁它们啃咬尸体尚未飞起之前进行拍杀。也可以用有关杀虫农药拌在切碎的牛肉、猪肉或蛙肉中，做成毒饵盛于瓷盘或瓦片上，放在蜂场附近进行诱杀。但使用毒饵时，应注意人畜安全。

第四节　蜂蜜做面包

准备材料A：高筋面粉170克，低筋面粉75克，盐1克，白砂糖35克，酵母3克，牛奶100克，泡打粉2克，鸡蛋1个。

材料 B：低筋面粉 15 克，白砂糖 10 克，白芝麻 10 克。

其他材料：油，白芝麻，少许蜂蜜和水 1∶1 的混合物。用来做面包表面的蛋液。

将材料 A 混合成面团，所有材料全部倒入盘中揉成团，覆盖保鲜膜，一个半小时后面团就发酵好了，直接用手揉，这个是体力活，因为这款面包没有用到黄油，所以特别难揉，当然大家可以把这个当成一种锻炼，揉成面团扩展，能拉出大片薄膜即可。

将面团取出分成 8 份，每份差不多 55 克。醒 10 分钟。

取其中一团面团擀制牛舌状，由一边卷起，中间切一刀，分成两份。

将材料 B 混合。

切好的面团沾水，再沾材料 B 的混合物，将 16 个面团都这样操作，尽量多粘点，会很好吃。摆入烤盘。

将烤盘放入烤箱最上层，下面放一碗开水，关上烤箱门，发酵 40 分钟。

取出烤盘，在烤盘中倒入油，多倒点吃起来底部会比较香。面包表面涂蛋液，再撒上芝麻。

入烤箱 220℃ 20 分钟。烤了十分钟后差不多要在烤箱边守着，看烤制颜色比较深，可以在表面盖一层锡纸再烤。

烤好后趁热在面包表面涂蜂蜜水。

第五节　如何应对市场竞争

刚开始从事养蜂者，如果周边没有养蜂，你的蜂蜜当然好卖。如果就近有人养蜂，且是有知名度的老养蜂户。你卖蜜就有点困难了，首遭质疑的是你的蜂蜜是真还是假？好不好？某某蜂蜜卖什么价，你是不是比他便宜些。市场价 40 元/千克，在你这只说 30 元，故意压价。怎么办？“充愣装傻，还价就卖”。先吃点亏，把市场打开再说，先舍后得。低价吸引人，低价消息传得快。低价广告有了效应后，即使有蜜也不卖了，造成缺货的假象。这时，你要与你的竞争对手协商，达成价格联盟。同行竞争是对立，但内心谁也不愿把价卖低，这个观点是统一的。有了价格联盟，你也会以市场价分得一杯羹，所以真正养蜂的群体是非常团结的。

“舍钱不舍秤”，公平交易，不能短斤缺两。往往在容器装满蜂蜜时，多出二两三两，顾客要求舍去尾数。坚决不能，几秤下来，少去多少蜂蜜？让秤到斤顾客领情的少，但在结算时让几块钱的现金，顾客眼就笑迷了。

当你养蜂达到一定规模，本地销售达到饱和状态，等客上门这种经营方式，严重影响发展。就可联合几家有诚信的养蜂户，在网上开辟蜂蜜专卖店铺。现在网络逐步普及，网络销售是趋势。总之，命运要掌握在自己手中。

假货只能骗人一次，不能骗人一世。你想以养蜂为业，就必须树立良好的信誉。回头客才是你的衣食父母。

自然资源决定承载的蜂群数量。